한국의 재래농기구

한국의 재래농기구

박호석 편저

한국학술정보[주]

간 행 사

    人力이나 畜力으로 이루어지던 농사일이 요즈음은 대부분이 動力機械化되고 있다. 따라서 오랜 세월 農民과 哀歡을 함께 해온 수많은 在來 農器具와 農村生活用具들이 우리 곁에서 사라지고 骨董品化하거나 裝飾物化되어가는 것은 세월의 변화에 따라 어찌할 수 없다하더라도 한편으로는 아쉬움을 지을 수 없다.

    그러나 일부 관심 있는 人士나 機關團體에서 우리 在來農器具에 대한 學問的 研究와 그의 蒐集保存을 위한 活動을 하고 있음을 볼 때, 참으로 반갑고 다행스러운 일이라 아니할 수 없다. 農業機械化研究所에서는 1982년에 在來農器具를 蒐集하며 農村振興廳農業科學館에 保存展示해 오고 있으며, 이번에 143種에 이르는 在來農器具에 대한 名稱, 用途, 性能, 種類 등의 해설과 아울러 圖解를 곁들인 이 간행물을 마련하기에 이르렀다.

    호미나 낫의 크기와 모양이 地域이나 쓰임새에 따라 다른 점, 매통의 경우 마찰부위의 傾斜나 홈의 크기와 排列의 절묘함, 씨아에 있어 나무를 깎아 나선식 헤리컬 기어로 만든 귀의 정교함 등, 先人들의 과학적 지식과 슬기에 경탄을 금할 수 없다. 요즈음의 발달된 현대 농기계도, 材料가 金屬化되고 作動은 動力化되어 보다 性能은 높지만, 그의 기본원리나 이론은 재래농기구를 응용하여 발전시킨 것이 매우 많다는 것을 알 수 있다. "溫故而知新"의 참뜻을 되새기게 하는 일이다.

    이 간행물이 재래농기구에 관심 있는 분들에게 많은 도움이 될 수 있기를 기대하며, 아울러 내용이나 문헌 등의 자료에 補完發展시켜야 할 것도 적지 않으리라 생각한다.

    끝으로 이 간행물의 집필에 애쓴 우리 연구소의 朴虎錫 博士와 그림을 맡아 그린 금기학씨의 노고에 깊은 위로와 치하를 보낸다.

農業機械化研究所長   宋 春 鍾

일러두기

1. 연장의 분류

쓰임새가 많은 쪽을 우선함

단, 분류가 어렵거나 특수용도의 연장은 「기타연장」으로 묶음

2. 명칭의 표현

가. 한글이름: 표준말을 우선 함

단, 표준말이 없는 경우: 사투리를 그대로 살림

(예) 칼자매(27), 그네(49)

이름을 모르거나 잘못 불리우는 경우: 새로 정함

(예) 씨송곳(19), 모척(23) 등

나. 한문이름: 고문헌에 가장 자주 쓰여진 3가지 안에서 적음

다. 영문이름: 고유이름을 우선 함

단, 이름이 없는 경우에는 모양이나 기능에 따라 풀어서 씀

라. 방언이름: 쓰는 지역은 특별한 경우 외에는 생략함

3. 내용의 표현

가. 성능: 개략적인 작업능률로 표현함

단, 표현이 어려운 경우에는 크기나 용량을 대신 적음

나. 종류: 형태가 특이한 경우에만 적음

다. 부위명: 부위 이름이 특이하고 활용할 만한 경우에만 적음

4. 그림 찾기
    가. 연장번호: 1, 2, 3,……, 143(그림 속의 큰 글씨)

    나. 종류번호: ①, ②, ③,……등

    다. 부위이름 번호: 1, 2, 3……등(그림 속의 작은 글씨)

5. 참고문헌
    한국재래농구의 연구에 참고가 될만한 문헌을 언어별로 구분 수록함

벼 리

1. 갈이 연장

1) 따비 耒, 踏犁, 地寶 Spade-like plowing tool

방　언: 따부, 따보, 때비, 탐, 보습

용　도: 갈이, 개간

성　능: 밭갈이 150~200 평/일

종　류: ① 말굽쇠형 ② 주걱형 ③ 송곳형 ④ 쌍날형

비　고: ○ 쟁기 전신의 연장으로 두메와 섬에서 주로 사용

　　　　○ BC 4세기경의 청동기시대의 유물에 등장

2) 쟁기 犁 Plow

방　언: 보, 보거래, 보쟁기, 평보, 장기, 탐조지, 가대기, 연장

용　도: 갈이, 개간

성　능: 논갈이 700~1500 평/일(호리를 쓸 때)

종　류: ① 선술형 ② 둥근술형 ③ 곧은술형 ④ 짧은술형

부위명: 1. 성에 2. 한마루 3. 자부지 4. 손잡이 5. 잡좆 6. 술 7. 술바닥 8. 보습 9. 볏 10. 까막머리 11. 물주리막대 12. 봇줄 13. 한태 14. 배때끈 15. 멍에 16. 부리망(103)

비　고: ○ <호리>: 소 한 마리에 메우며, 황해도 이남의 벌에서 주로 사용

　　　　○ <겨리>: 소 두 마리에 메우며, 북한 및 두메에서 주로 사용

　　　　○ 신석기시대에 기원

3) 가래 **錘, 枚, 可乃** Long handled spade

방 언: 날가래, 넙가래
용 도: 진땅 갈이, 골타기
성 능: 진밭 갈이 600평/일 (세 사람이 할 때)
종 류: ① 말굽쇠날형 ② 삽날형
부위명: 1. 장부 2. 가랫날 3, 가래바닥 4. 군두 5. 군두새끼 6. 꺽쇠 7. 군두구멍
비 고: ○ 세 사람 이상 되는 홀수의 사람이 함께 씀
        ○ 한국고유의 연장
        ○ <쌍가래>: 날이 두개인 가래

4) 삽 **畬, 錘, 鍬** Spade

방 언:
용 도: 갈이, 땅파기
성 능: 밭갈이 150~200 평/일
비 고: 수렵채취시대의 뒤지개에서 발달

5) 종가래 **小鋤** Small spade

방 언:
용 도: 작은 땅 갈이, 김매기, 물꼬보기
성 능: 날 크기: 10×20*cm* 정도
비 고: 한 손으로도 쓸 수 있는 작은 삽의 일종

6) 괭이 钁, 鐝頭, 廣耳 Hoe

방 언: 광이, 꽹이, 깽이, 곽지, 괘기
용 도: 갈이, 개간, 땅파기, 김매기
성 능: 밭갈이 100~120 평/일
종 류: ① 괭이 ② 가짓잎괭이 ③ 수숫잎괭이 ④ 삽괭이 ⑤ 왜괭이 ⑥ 곡괭이
        ⑦ 벽채 ⑧ 인삼괭이 ⑨ 약초괭이
부위명: 1. 괴통 2. 등씸 3. 날 4. 자루
비 고: ○ 수렵채취시대의 뒤지개에서 발달
        ○ <벽채>: 자갈을 파거나 광산에서 주로 사용

7) 화가래 Spade-like hoe

방 언:
용 도: 무논갈이, 논고랑치기, 골타기
성 능: 무논갈이 50 평/일
비 고: 가래 또는 삽과 같은 큰 날을 가진 괭이

8) 쇠스랑 鐵齒擺, 鐵杷, 小時郞 Forked hoe

방 언: 소시랑, 소시랭이, 쇠서랑, 철탑
용 도: 갈이, 흙 부수기·고르기, 두엄치기
성 능: 밭갈이 180 평/일
종 류: ① 두발 쇠스랑 ② 세발 쇠스랑
비 고: ○ 발의 수가 적은 것이 갈이에 씀(2~3개)
        ○ 신라고분에서도 발굴됨

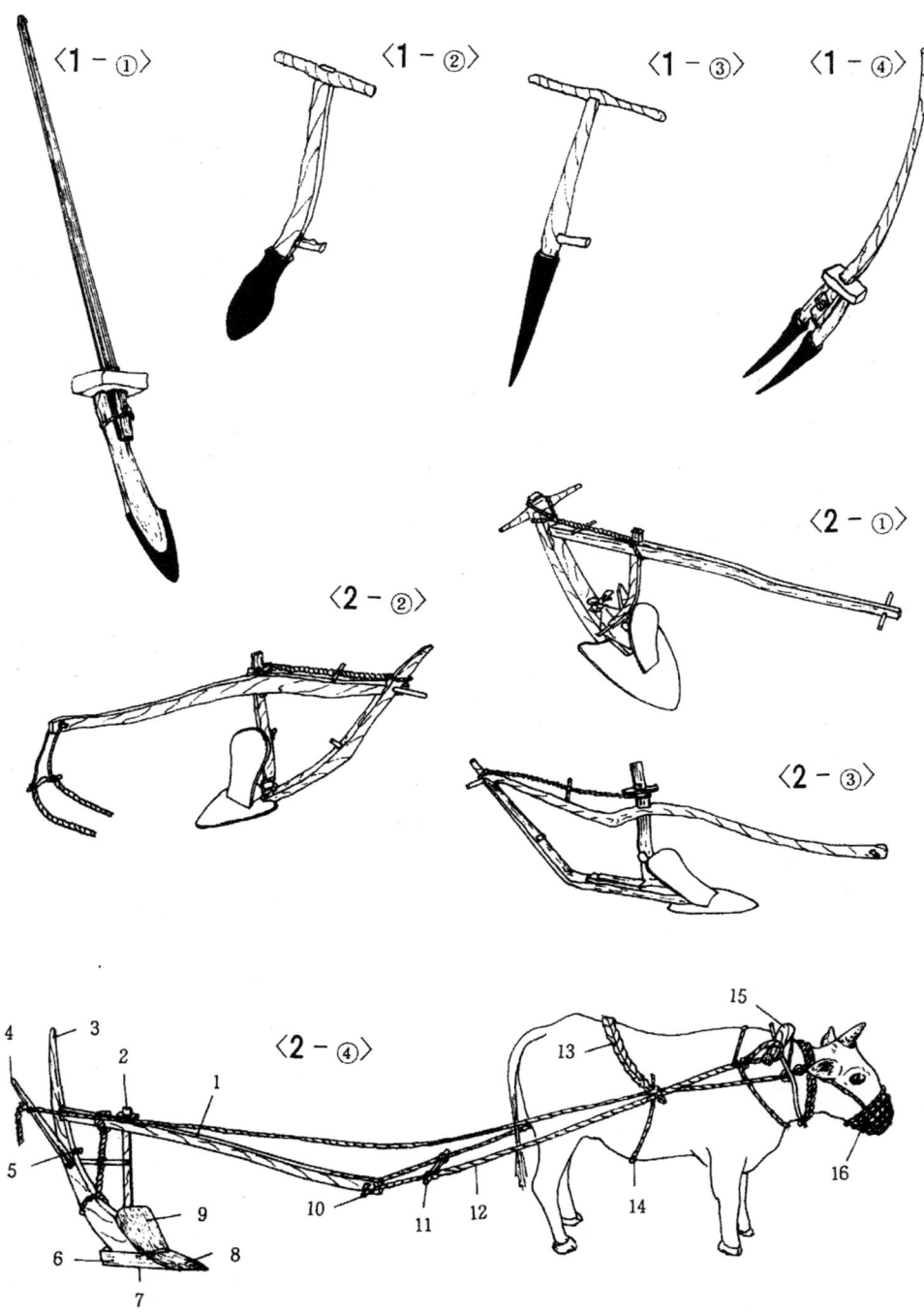

〈1-①〉   〈1-②〉   〈1-③〉   〈1-④〉

〈2-①〉

〈2-②〉

〈2-③〉

〈2-④〉

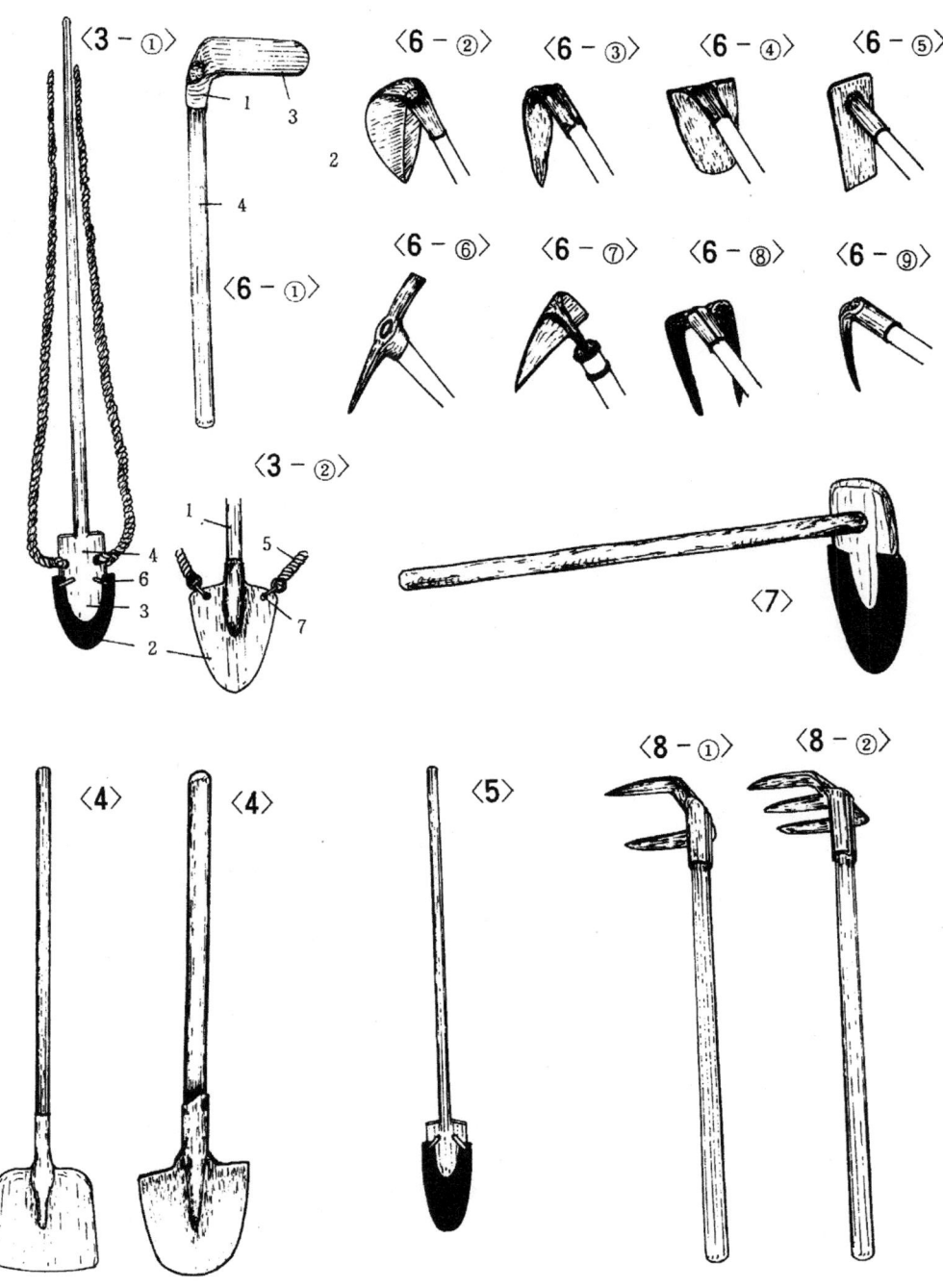

⟨3-①⟩

⟨6-②⟩　⟨6-③⟩　⟨6-④⟩　⟨6-⑤⟩

⟨6-①⟩

⟨6-⑥⟩　⟨6-⑦⟩　⟨6-⑧⟩　⟨6-⑨⟩

⟨3-②⟩

⟨7⟩

⟨8-①⟩　⟨8-②⟩

⟨4⟩　⟨4⟩　⟨5⟩

2. 삶기 연장

9) 써레 木斫, 耖, 所訖羅 Harrow

방 언: 써리, 써그리, 성으리, 쓰래, 초파
용 도: 무논 삶기, 흙 부수기·고르기
성 능: 무논 삶기 1500~2000평
종 류: ① 써레 ② 평상써레 ③ 고써레
부위명: 1. 손잡이 2. 찍게발 3. 몸둥이 4. 써레발 5. 나루채
비 고: ○ 손잡이가 없는 평상써레는 몸둥이에 사람이 올라 탐
　　　　 ○ 고써레는 살번지(13-③)와 쓰임새가 같음

10) 곰방메 橚 Harrowing maul

방 언: 곱배, 곰뱅이, 통곰배, 몸통곰배, 메
용 도: 흙 부수기·고르기·덮기
성 능: 밭흙 부수기 300-500 평/일
비 고: 메(126)보다는 머리가 가늘고 김

11) 발고무래 木齒耙 Wooden rake

발 언: 발당그래, 발곰배, 당글개, 나무쇠스랑
용 도: 흙 고르기·부수기·덮기
성 능: 밭흙 고르기 300~500 평/일
비 고: 곰방메와 기능이 같으나 발을 달아 흙덮기가 쉬움

12) 고무래 䀾木, 耙撈, 扒 Hand soil-leveler

발 언: 거문데, 땅길래, 고물개, 당그래, 당글개, 밀개, 미래
용 도: 흙 고르기·덮기, 곡식모으기·널기, 아궁이 재치기
성 능: 밭 고르기 700~1000 평/일
비 고: 쓰임새에 따라서 크기가 다름

13) 번지 板撈, 平板, 翻地 Soil leveling board

방 언: 미래, 번디, 번데기왕판
용 도: 흙 고르기, 곡식 모으기·널기
성 능: 논흙 고르기 2000~2500 평/일
종 류: ① 번지 ② 메번지 ③ 살번지 ④ 통번지 ⑤ 밀번지 ⑥ 발번지
부위명: 1. 번지 2. 써레(9)
비 고: ○ ①은 써레 앞에 덧대서 씀
　　　 ○ ① ⑥은 기능적으로 나래에 속함
　　　 ○ 번지와 나래는 이름을 혼동하여 쓰는 경우가 많음

14) 나래 刮板, 耮 Soil leveler

방 언: 삽나래, 나루판, 번지
용 도: 흙 고르기, 못자리 고르기
성 능: 인력의 10배
종 류: ① 나래 ② 삽나래 ③ 널나래(널빤지로 된 나래) ④ 발나래(발로 엮은 나래)
비 고: ① ②는 소에 메워 쓰며, 곡식을 널거나 모을 때도 사용
    ③ ④는 두 줄을 당기면서 발로 판(발)을 눌러 땅(못자리)을 판판하게 고름

15) 끙게 樏, 撈, 勞子 Soil-leveling frame

방 언: 끌개, 끄승개, 토막번지
용 도: 흙 고르기 · 덮기
성 능: 인력의 10배
비 고: ○ 싸리나 가는 나뭇가지를 엮어 만들기도 하며, 가마니 양가에 봇줄을
    매어 쓰기도 함
    ○ 끙게위에 돌이나 뗏장을 얹거나 사람이 타고 소가 끎

16) 극젱이 畦立器, 後痔 Furrower

방 언: 후치, 홀챙이, 술챙이, 극징이, 보고래, 훅지, 끌쟁기, 굵정이
용 도: 골타기, 김매기, 갈이
성 능: 골타기 2000~3000 평/일
비 고: <인걸의>: 채가 두 가지로 된 극젱이

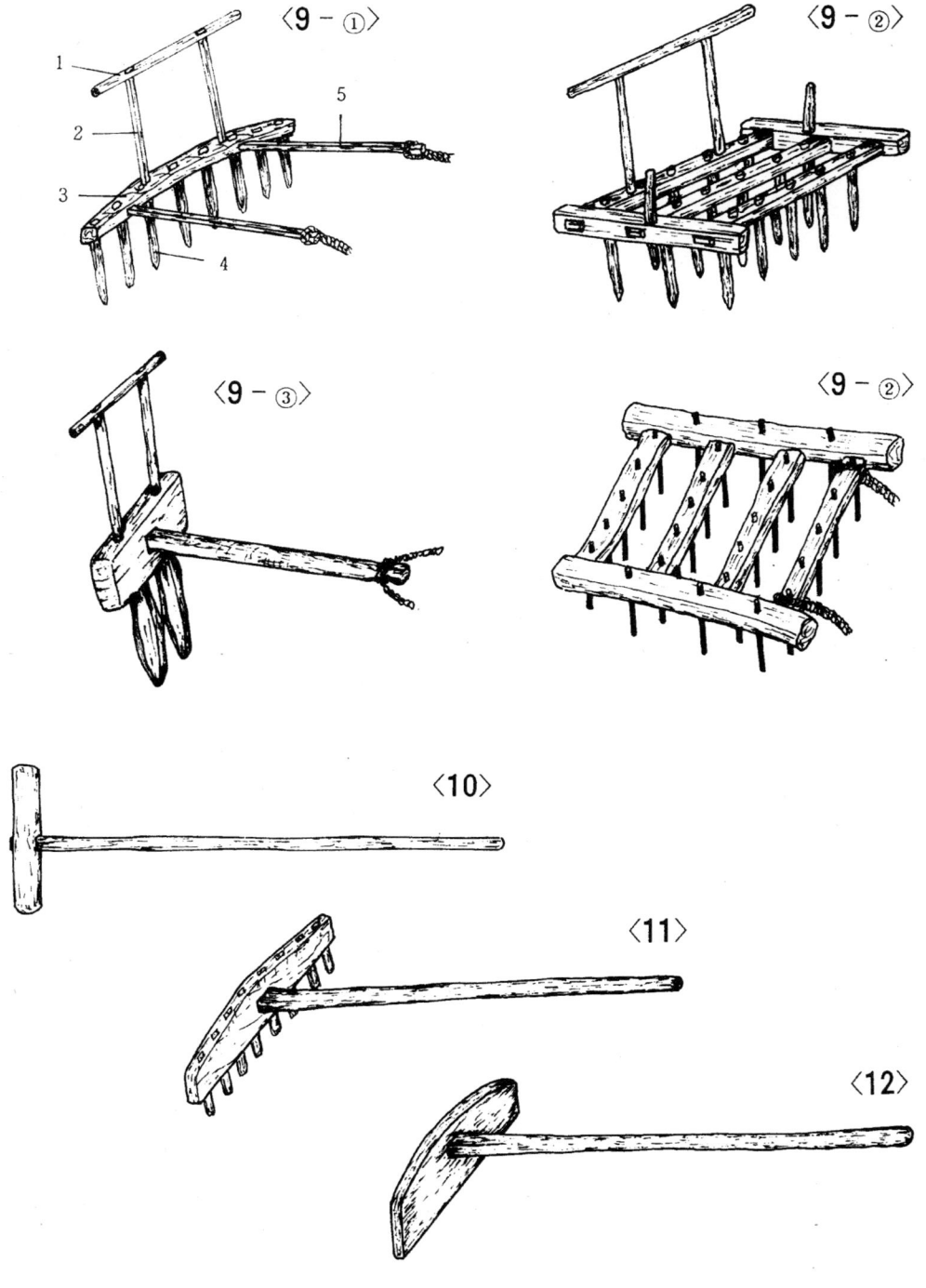

〈9 - ①〉

1

2

3

4

5

〈9 - ②〉

〈9 - ③〉

〈9 - ②〉

〈10〉

〈11〉

〈12〉

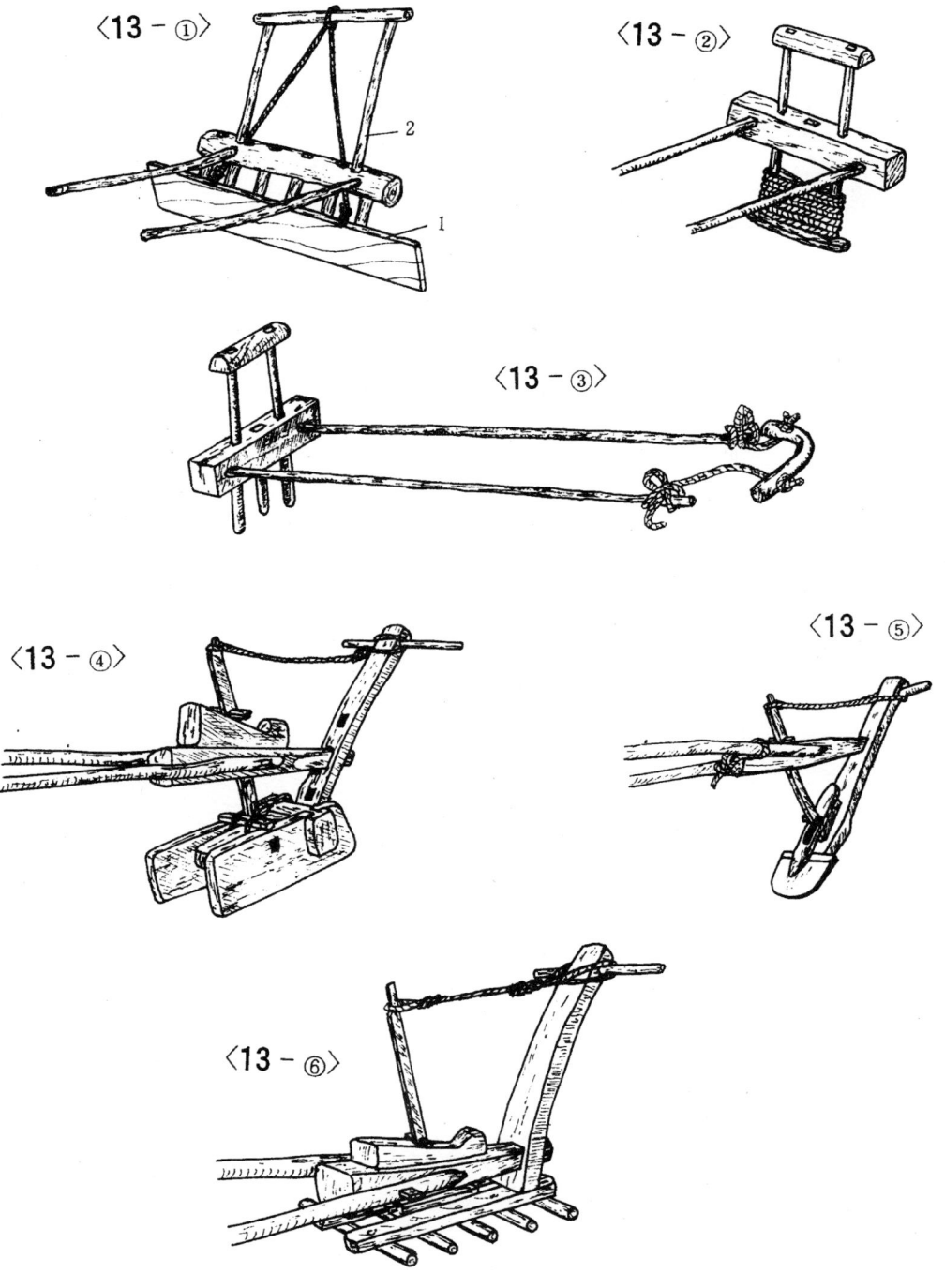

⟨13 - ①⟩

2

1

⟨13 - ②⟩

⟨13 - ③⟩

⟨13 - ④⟩

⟨13 - ⑤⟩

⟨13 - ⑥⟩

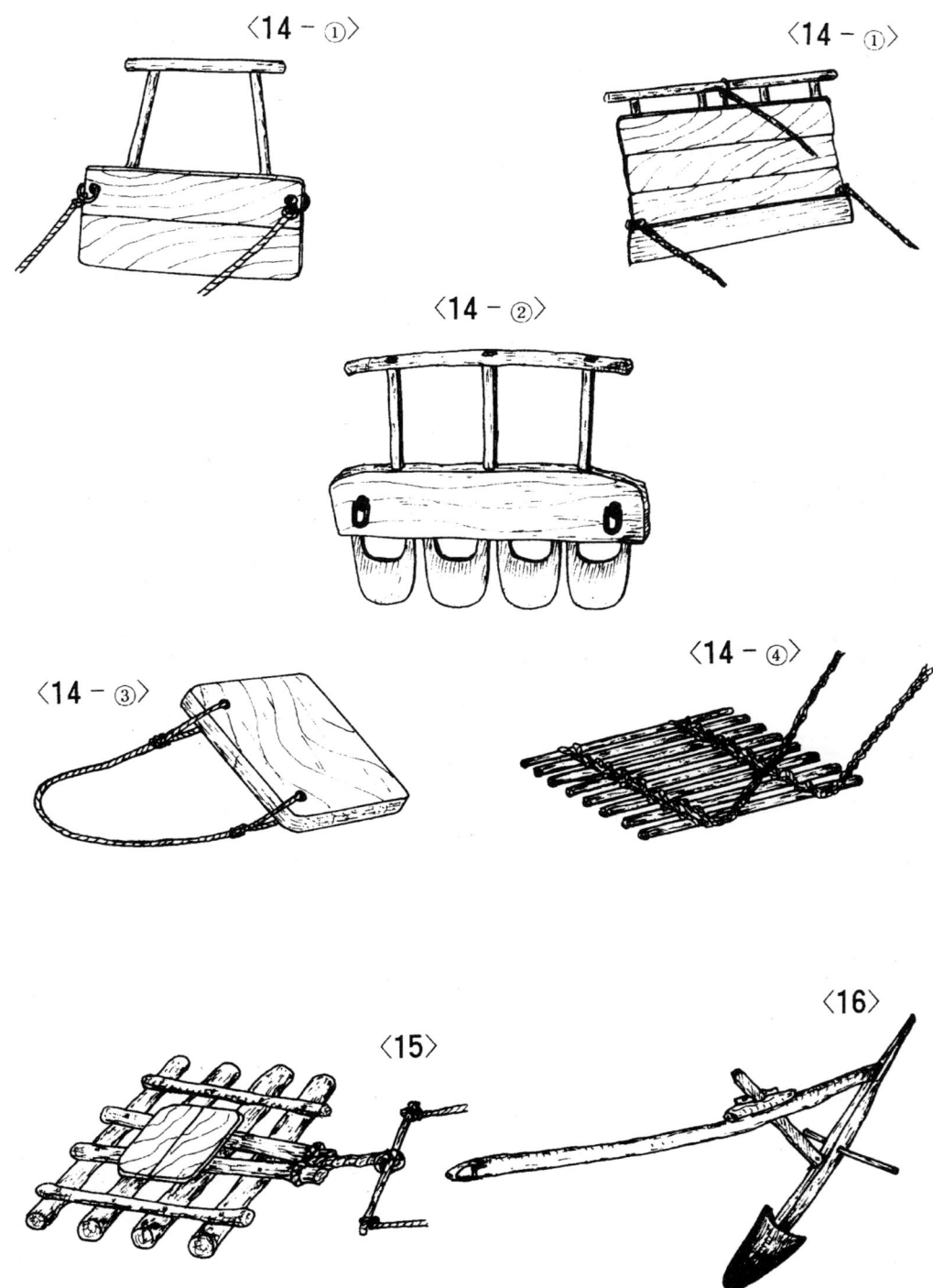

〈14 - ①〉

〈14 - ①〉

〈14 - ②〉

〈14 - ③〉

〈14 - ④〉

〈15〉

〈16〉

3. 씨붙이기 연장

17) 드베 Grain seeder

방　언: 드베(함경도)
용　도: 씨 뿌리기(조, 피와 같은 작은 종자)
성　능: 조 뿌리기 200 평/일
부위명: 1. 손잡이 2. 씨앗통 3. 씨앗대롱 4. 뿌림솔
비　고: ○ 북한지방에서 사용
　　　　○ 작은 막대로 통이나 대롱을 두드리면 통속의 씨앗이 떨어지는데, 떨어지는 양은 씨앗대롱 안에 짚이나 갈대를 채워서 조절함
　　　　○ 속을 빼낸 막에 대롱으로 된 나무를 가로질러 막아 만들며, 씨앗통(박)에 씨앗이 대롱을 통하여 아래로 떨어짐
　　　　○ 뿌림솔은 떨어지는 씨가 넓게 퍼지도록 함

18) 파종기 播種器 Grain seeder

방　언:
용　도: 씨 뿌리기
성　능: 콩 300 평/시간
부위명: 1. 씨앗통 2. 씨앗구멍 3. 손잡이
비　고: 손잡이를 밀어 통을 굴리면 통에 든 씨앗이 구멍을 통하여 떨어짐

19) 씨송곳 Seedling holler

방 언:
용 도: 씨앗 넣을 구멍 내기
성 능: 5~10 구멍/회
비 고: ○ 참깨·채소·인삼 등을 파종할 때 쓰임
　　　 ○ 인삼용은 구멍이 여러 줄로 30~50개가 됨

20) 씨망태기 Seed basket

방 언: 종다래끼
용 도: 씨앗그릇
성 능: 3~5 리터
종 류: ① 멱둥구미형 ② 뒤웅박형
비 고: ○ 짚으로 엮어서 만듦
　　　 ○ 뒤웅박형은 씨앗 갈무리에도 씀

21) 종다래끼 芀, 簞 Seed basket

방 언:
용 도: 씨앗그릇
성 능: 3~5리터
비 고: 인동덩굴·대오리·싸리 등을 결어 만듦

22) 씨삼태기 Seed basket

방 언:
용 도: 씨앗그릇
성 능: 5~10리터
비 고: 짚으로 엮어 만들며 멜빵을 닮

23) 모척 秧尺 Rice-transplanting rule

방 언: 이앙자
용 도: 못줄 맞추기
성 능: 10~20 눈금/면
비 고: 3~6각의 기둥처럼 만들어 궁글리면서 씀

24) 궁글대 礑, 溜軸, 轆子木 Roller

방 언: 굴레, 돌태, 남태(제주)
용 도: 흙 다지기, 보리밟기
성 능: 보리밟기 300 평/시간
종 류: ① 활면형(flat type) ② 치면형(tooth type)
비 고: 돌로 된 것이 많으나, 남태는 나무로 만듦

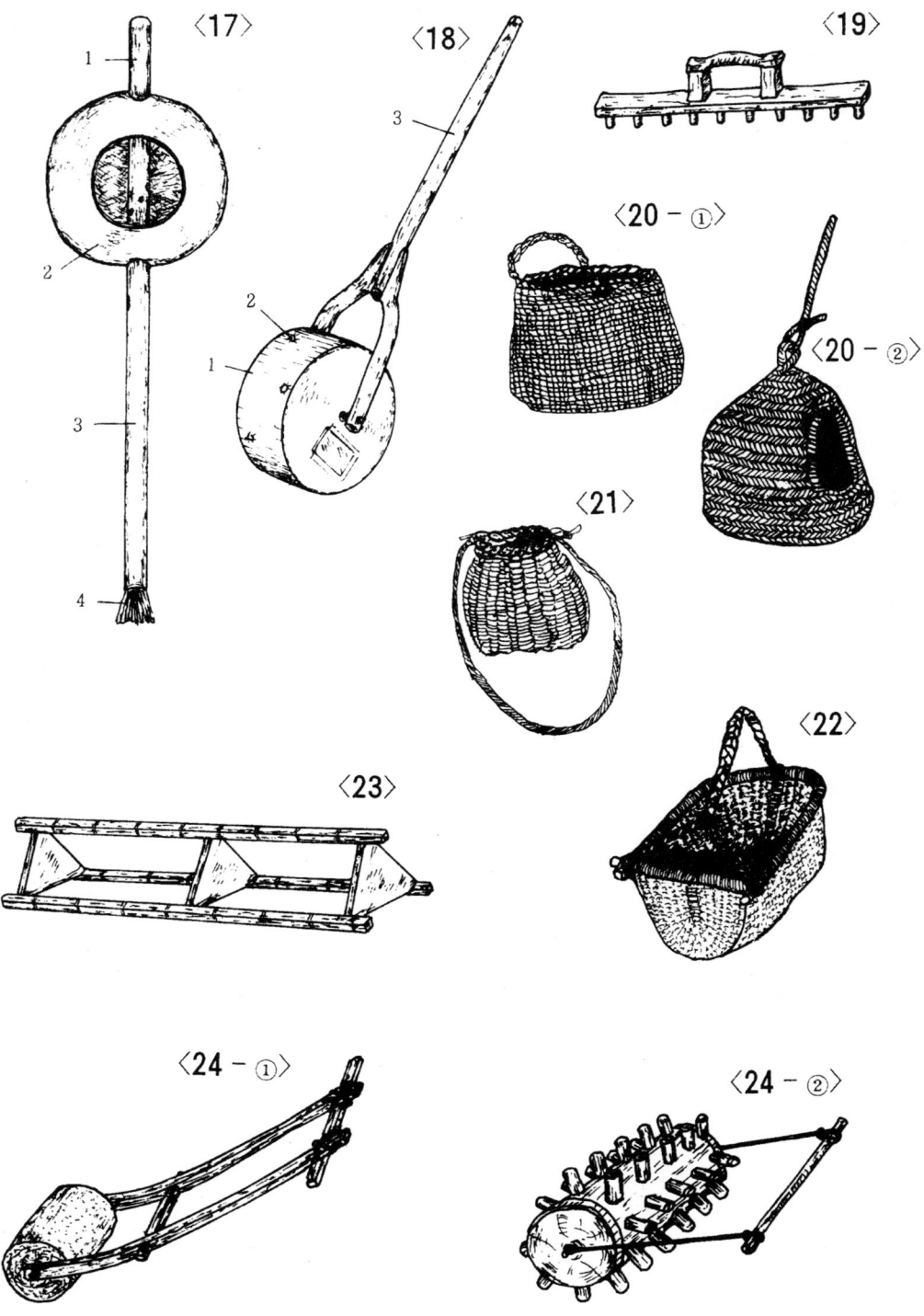

⟨17⟩

⟨18⟩

⟨19⟩

⟨20 - ①⟩

⟨20 - ②⟩

⟨21⟩

⟨22⟩

⟨23⟩

⟨24 - ①⟩

⟨24 - ②⟩

4. 김매기 연장

25) 호미 鋤, 鉏, 鎡 Korean hoe, Short handled hoe

방   언: 호맹이, 호무, 호마니, 허미
용   도: 김매기, 씨붙이기
성   능: 논매기 300 평/일
종   류: ① 논호미 ② 밭호미
부위명: 1. 날 2. 숨베 3. 자루
비   고: ○ 한국 고유의 연장
　　　　○ 지방에 따라서 날의 모양과 자루의 길이가 다름
　　　　○ 호미의 형태별분포도(이춘녕)

26) 밀낫 Hand weeder

방   언: 밀대낫
용   도: 김매기, 나무껍질 벗기기
성   능: 밭 김매기 500 평/일
종   류: ① 둥근날형 ② 곧은날형
비   고: 땅을 밀어 잡초의 뿌리를 자름

27) 칼자매 刀馬鈀 Animal drawn Weeder

방　언: 칼자매

용　도: 김매기

성　능: 밭 김매기 100 평/일

비　고: ○ 메번지(13-②)와 비슷하게 생김

　　　　○ 소에 메워 씀

〈호미의 형태별 분포〉

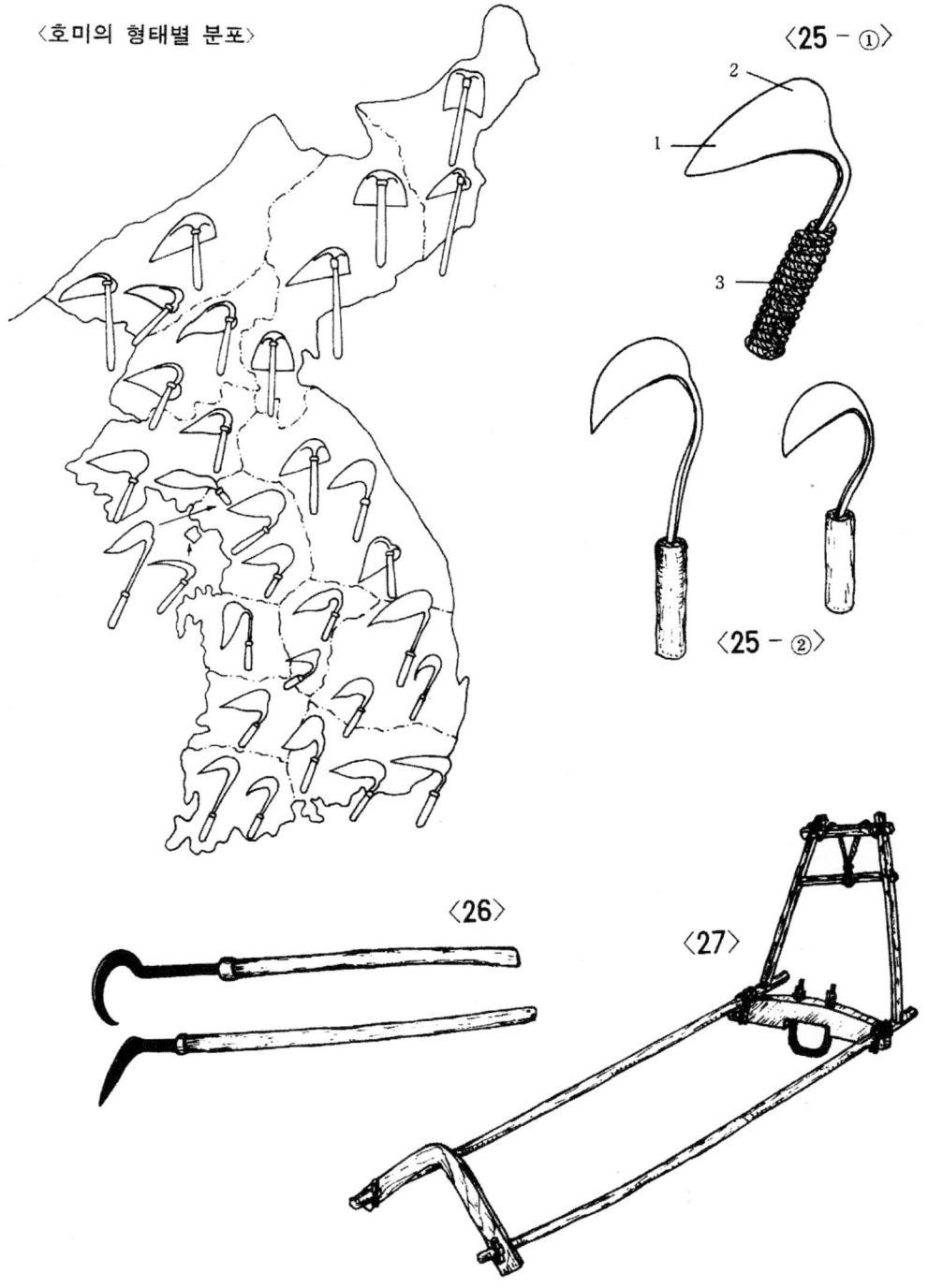

〈25 - ①〉

〈25 - ②〉

〈26〉

〈27〉

5. 거름내기 연장

28) 장군 長盆 Manure vat

방　언: 통, 추마리
용　도: 오줌·똥 담아 나르기
성　능: 30~40리터
종　류: ① 수평형 ② 직립형
비　고: ○ 쓰임에 따라 <오줌장군> <똥장군>으로도 불리움
　　　　○ 질그릇이나 나무로 만듦

29) 새갓통 尿匏 Manure scoop

방　언: 똥바가지, 오줌바가지, 거름바가지
용　도: 똥·오줌 담아내기·푸기
성　능: 2~3리터
종　류: ① 통나무를 판 것 ② 박으로 만든 것
비　고: ○ 통나무를 파내거나 막을 쪼개서 만듦
　　　　○ 자무를 길게 세워대서 변소를 치울 때도 씀

30) 귀때동이 Urine vat

방   언: 구대동이, 구댕이
용   도: 오줌·똥 담아내기
성   능: 10~20리터
종   류: ① 나무로 된 것 ② 질그릇으로 된 것
비   고: ○ 보통 물동이와 비슷하나 귀때를 붙여 액체를 쏟은 데에 편함
　　　　 ○ 질그릇이 많으나 나무로도 만듦

31) 삼태기 糞斗, 畚, 簣 Compost basket

방   언: 삼태미, 삼태, 꺼랭이, 발소쿠리, 짚소쿠리, 어랭이
용   도: 거름내기, 곡식 퍼담기
성   능: 20~30리터
비   고: ○ 싸리·대·칡·짚·새끼 등으로 엮어 만듦
　　　　 ○ <개똥삼태기>: 멜빵이 달린 작은 삼태기

32) 거름대 Fork

방   언: 거름대
용   도: 거름내기
성   능:
종   류: ① 나무 거름대 ② 쇠 거름대
비   고: 여러 개의 잔가지가 난 나뭇가지나 쇠로 만듦

33) 거름통 Wooden basket

방 언:

용 도: 거름 담아내기

성 능: 15~20미터

비 고: ○ 좁은 판자로 나무 귀때둥이(30-①)처럼 만들거나 넓은 판자로 만들며,
통나무를 파서 만든 것도 있음

○ 물을 담는 것은 <물통>이라고 함

○ 그림 82-③-13

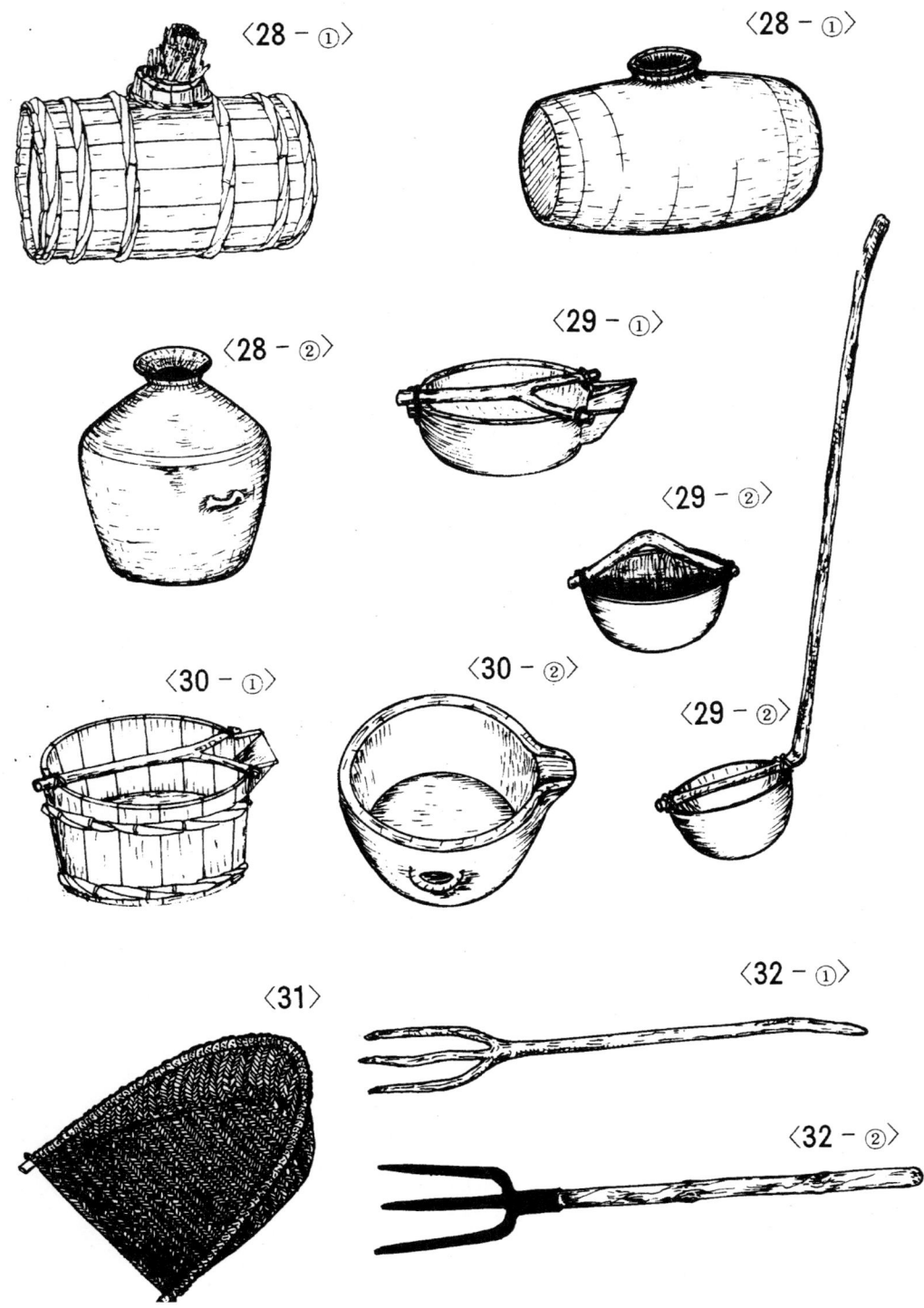

〈28 - ①〉

〈28 - ①〉

〈28 - ②〉

〈29 - ①〉

〈29 - ②〉

〈29 - ②〉

〈30 - ①〉

〈30 - ②〉

〈31〉

〈32 - ①〉

〈32 - ②〉

6. 물대기 연장

34) 두레 水斗, 灑子 Pumping bucket

방 언: 두리, 파리, 드레
용 도: 물대기
성 능: 3~5톤/시간(무넘이 50㎝ 일 때)
부위명: 1. 두레박 2. 받침대 3. 손잡이
비 고: 손잡이를 눌러서 두레박을 올림

35) 맞두레 桔槹, 汲桶 Pumping bucket

방 언: 쌍두레, 물두리, 물파래, 것두레, 곳두레
용 도: 물대기
성 능: 8~10 톤/시간(무넘이가 1m인 곳에서 두 사람이 할 때)
비 고: 오동나무 판자로 만든 것이 많음

36) 용두레 櫟, 槹, 龍槹 Pumping scoop

방 언: 통두레, 파래, 풍개
용 도: 물대기
성 능: 15~20 톤/시간(무넘이가 50㎝ 일 때)
비 고: 홈을 판 통나무를 삼각대에 매달아 지레의 원리를 이용하여 물을 퍼 올

리거나 멀리 던짐

37) 무자위 水車, 翻車, 轆轤 Tread wheel pump

방 언: 자세, 무자세, 수차, 답차, 자애
용 도: 물대기
성 능: 50~60 톤/시간(무넘이가 30cm 일 때)
비 고: 무넘이가 얕은 벌의 논이나 염전에서 사용

38) 물풍구 Manual piston pump

방 언: 물풍구
용 도: 물대기
성 능: 10~20 톤/시간
부위명: 1. 통 2. 손잡이(피스톤)
비 고: 굵은 대나무의 속을 파내거나 판자로 통(실린더)을 만들고, 그 속에 활대
       (피스톤)를 끼움

39) 물홈 Wooden canal

방 언: 물홈, 홈대
용 도: 물대기
성 능:
비 고: 통나무에 홈을 파서 물길을 잇는 데에 씀

40) 살포 無纓枕子 Long handled spade(hoe)

방 언: 살포깽이, 살피, 물광이, 손가래, 살부채
용 도: 물고보기
성 능: 길이 $2{\sim}3m$
종 류: ① 삽형 ② 괭이형
비 고: ○ 한국고유의 연장
　　　　○ 지주들이 주로 사용
　　　　○ 대부분이 삽형이며 날의 모양이 다양함

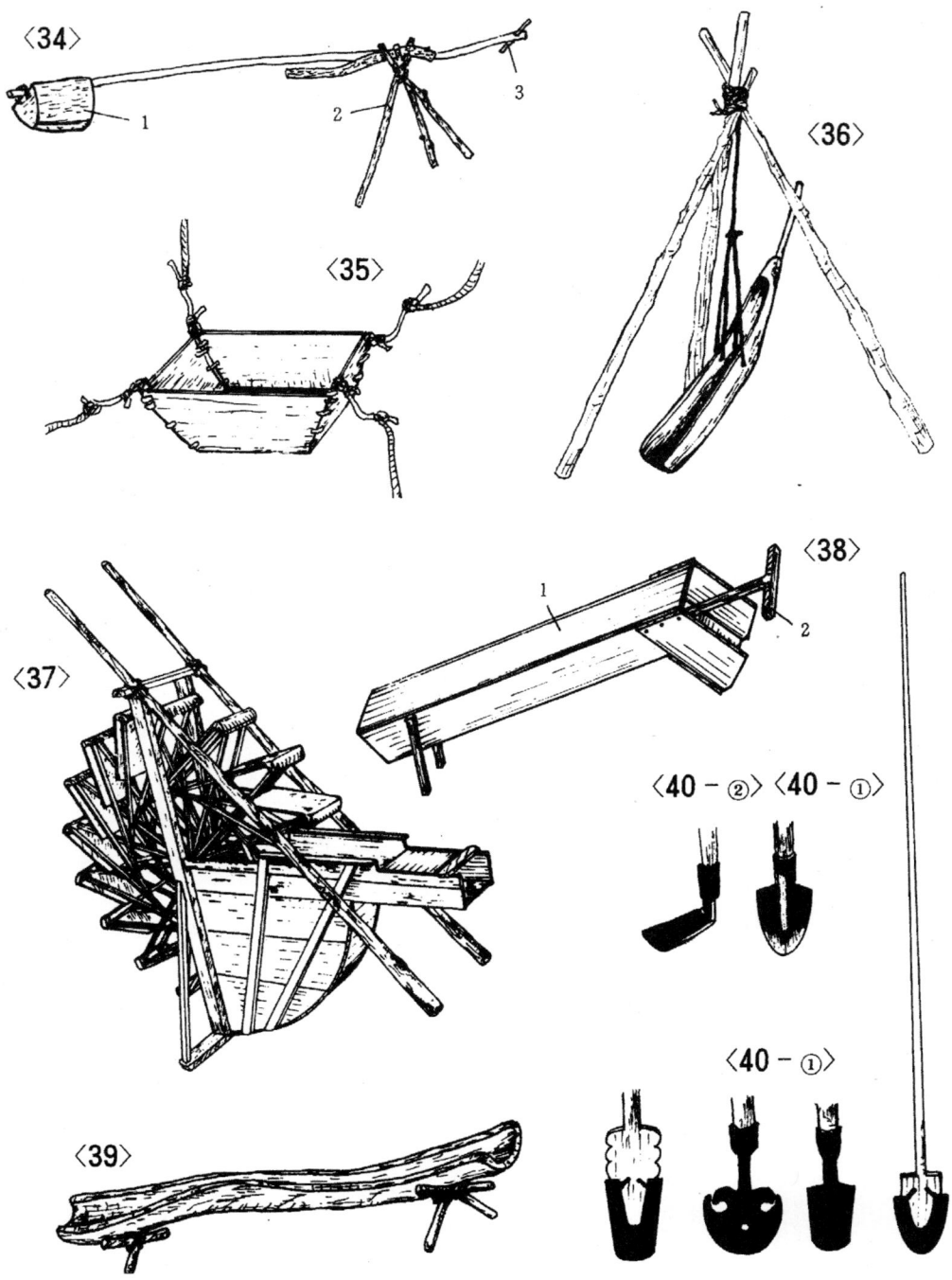

⟨34⟩　　　　1　　　2　　　3

⟨35⟩

⟨36⟩

⟨37⟩

⟨38⟩　1　　2

⟨39⟩

⟨40 - ②⟩ ⟨40 - ①⟩

⟨40 - ①⟩

7. 거두기 연장

41) 낫 鎌, 鎌子, 銍 Sickle

　방　언: 앙거리, 호미
　용　도: 베기
　성　능: 벼베기 300 평/일
　종　류: ① 풀낫 ② 나무낫 ③ 버들낫
　부위명: 1. 낫공치 2. 슴베 3. 낫갱기 4. 낫놀 5. 자루 6. 날

42) 벌낫 鉊 Long handled sickle

　방　언: 장낫
　용　도: 풀베기
　성　능: 1000 평/일
　비　고: 1~1.5m의 긴 자루에 큰 날을 닮

43) 전지 揃只 Fruit picking basket

　방　언: 전지
　용　도: 과일따기(감, 배, 능금 등)
　성　능: 감 2~3개/회
　종　류: ① 망전지 ② 다래끼 전지

비　고: 3~4*m*의 장대 끝에 작은 자루나 다래끼를 닮

44) 덩그렁 막대 Threshing bats

방　언: 덩그렁막대(제주)
용　도: 알곡 털기(조, 수수 등)
성　능: 조 1가마/일
비　고: 방망이를 양손에 들고 다듬이질하듯 두드림

45) 도리깨 枷, 栲栳 連枷 Flail

방　언: 도루깨, 돌깨, 도깨
용　도: 알곡 털기
성　능: 보리 2~3 가마/일
부위명: 1. 장부 2. 꼭지 3. 아들(열)
비　고:

46) 탯돌 Threshing stone

방　언: 돌태, 태, 챗돌
용　도: 알곡 털기
성　능: 벼 2가마/일
비　고: 곡식단을 돌 위에 내려쳐서 알곡을 텖

47) 개상 打穀床 Threshing board

방 언: 챗상, 대상, 공상, 탯상
용 도: 알곡 털기
성 능: 벼 2~3가마/일
비 고: ○ 나무절구를(64-①)를 뉘어서 대신 쓰기도 함
　　　　○ 여럿이서 할 수 있도록 길이가 다양함

48) 훑이 稻箸, 稻扱 Hand threshing hackle

방 언: 가락홀태, 손홀태
용 도: 벼 털기
성 능: 벼 0.5~1가마/일
종 류: ① 가락훑이 ② 손 훑이
비 고: ○ 대나무를 반으로 쪼개거나 수수깡을 접어서 그 사이에 벼를 넣고 훑
　　　　　는 방법도 있음
　　　　○ 손 훑이는 나무판자로 빗처럼 만듦

49) 그네 稻箸, 千齒 Threshing hackle

방 언: 홀태, 홀치개, 홀깨, 훑이
용 도: 벼 털기, 짚 추리기
성 능: 벼 5가마/일
비 고: ○ 나무판자나 쇠로 빗처럼 만듦
　　　　○ 표준말은 <훑이>로 되어 있으나 48의 훑이와 중복되어 방언을 살림

50) 탈곡기 脫穀機 Pedal thresher

방   언: 궁글통, 도급기
용   도: 알곡 털기
성   능: 벼 40가마/일(세 사람이 할 때)
비   고: 1900년대 초기에 일본에서 전래

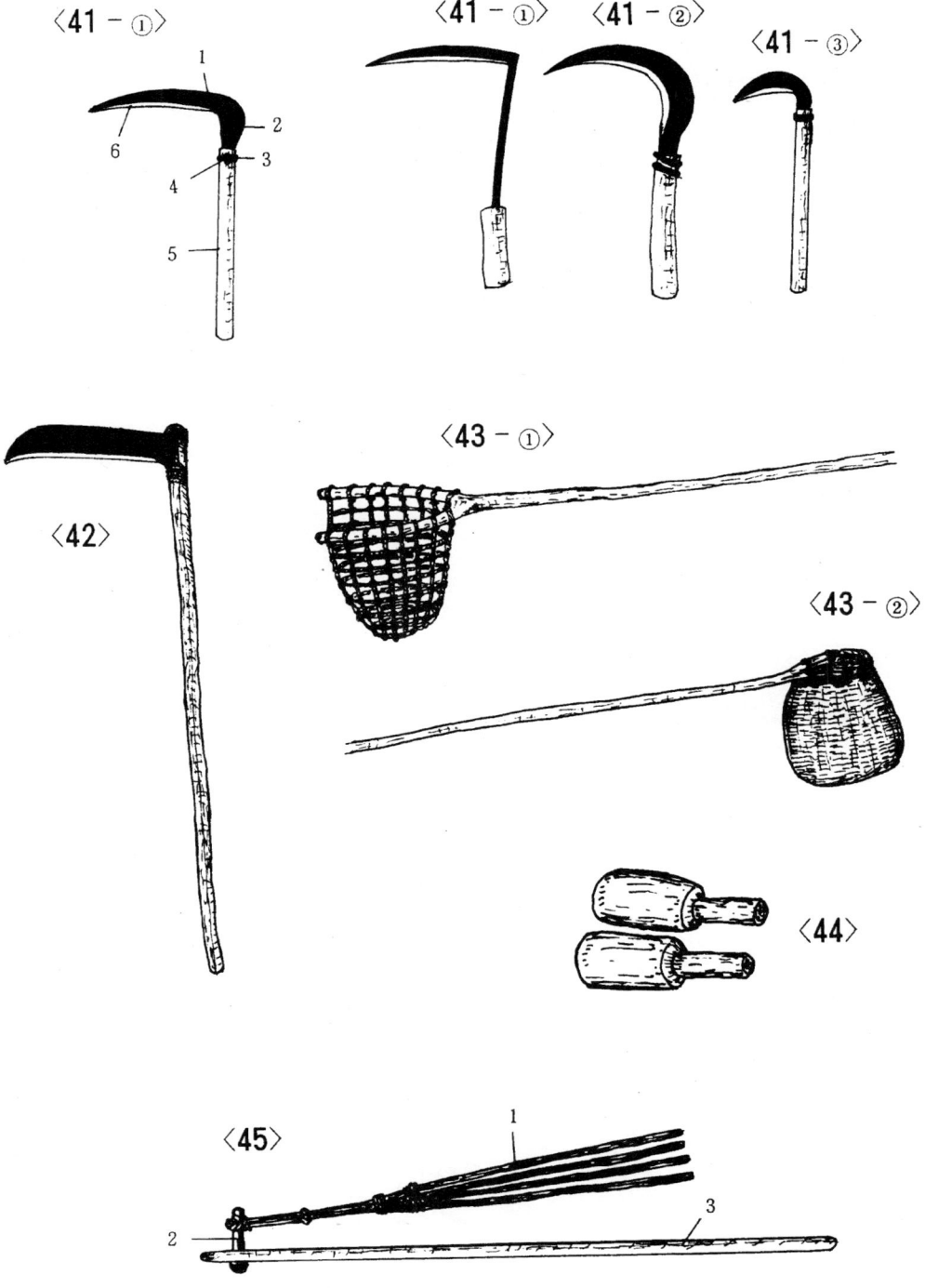

⟨41 - ①⟩

1
2
6
3
4
5

⟨41 - ①⟩   ⟨41 - ②⟩

⟨41 - ③⟩

⟨42⟩

⟨43 - ①⟩

⟨43 - ②⟩

⟨44⟩

⟨45⟩

1

2

3

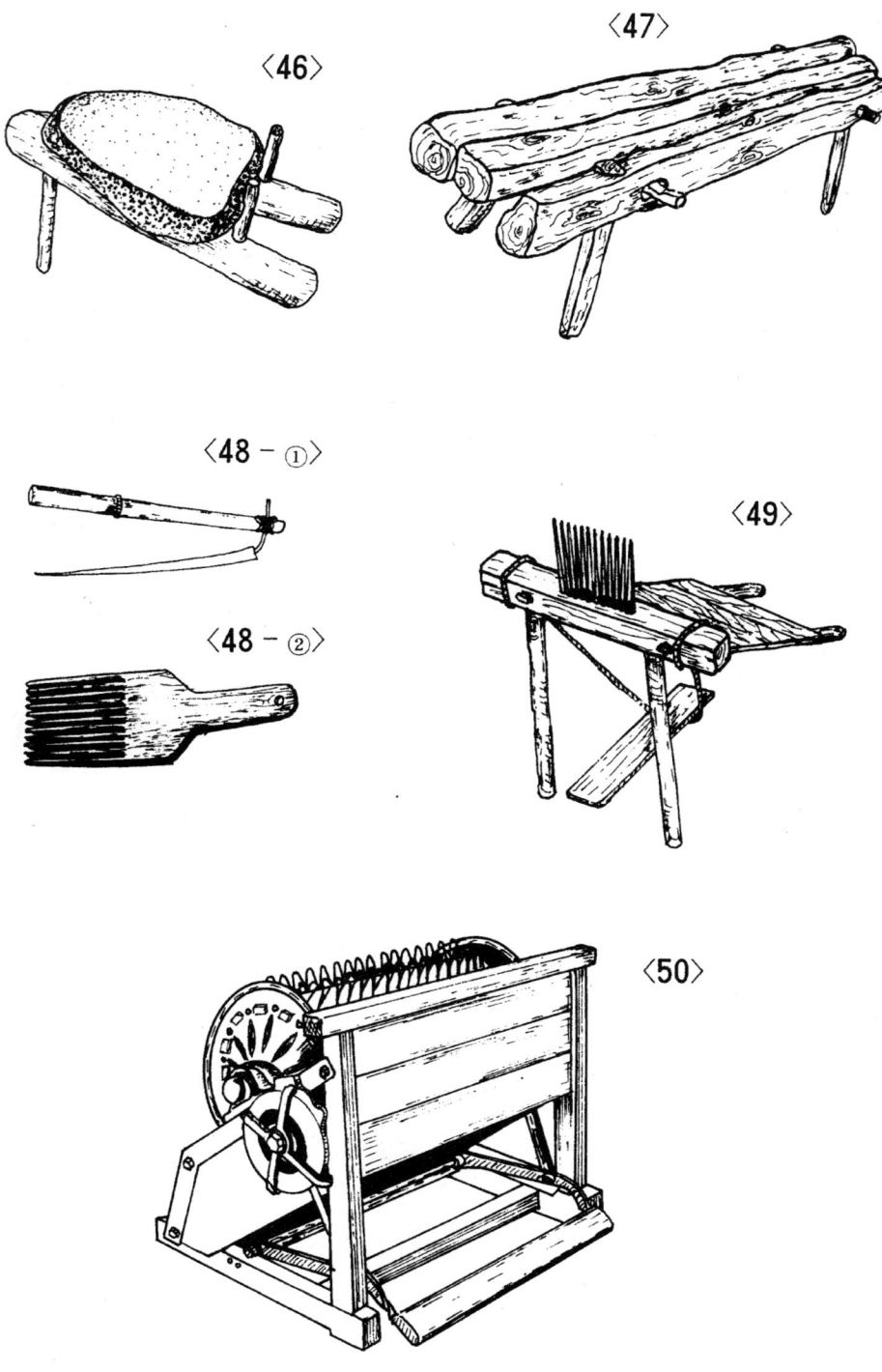

〈46〉

〈47〉

〈48 - ①〉

〈48 - ②〉

〈49〉

〈50〉

8. 고르기 연장

51) 드림부채 穀扇 Winnowing fan

방　언:
용　도: 알곡 고르기(검불날리기)
성　능: 벼 1가마/시간
비　고: 드림질할 때 바람을 일으키는 큰 부채

52) 부뚜 風薦 Winnowing mat

방　언: 부뚝, 북두
용　도: 알곡 고르기(검불 날리기)
성　능: 벼 2가마/시간
비　고: ○ 드림질할 때 두 손으로 양쪽을 잡고 아래위로 흔들어 바람을 일으킴
　　　　○ 돗자리와 같이 만들거나 가는 새끼로 엮어 만듦

53) 팔랑개비 風扇 Turning fan

방　언: 풍선, 바람개비
용　도: 알곡 고르기(검불 날리기)
성　능: 벼 10가마/시간
비　고: ○ 1900년대 초기에 일본에서 전래

○ 발로 밟는 식과 손으로 돌리는 식이 있음

54) 풍구 扇車 Grain cleaner

방　언: 풍로, 풍차, 풀무
용　도: 알곡 고르기
성　능: 벼 15~20가마/시간
비　고: 큰 것은 등급을 나누어 고를 수 있음

55) 키 箕 Winnow

방　언: 칭이, 치, 챙이, 푸는체
용　도: 벼 1~2가마/시간
비　고: ○ 한국고유의 연장
　　　　○ 대오리나 고리버들로 결어 만듦

56) 이남박 齒瓢子 Wooden bowl

방　언:
용　도: 알곡 고르기(돌 고르기)
성　능: 2~3리터
비　고: 나무를 파서 만들며 안쪽으로 살과 골을 내었음

57) 체 籮, 羅兒, 篩 Sieve

방 언: <어레미>: 얼레미, 얼맹이, 얼기미, 얼개미, 도드미
　　　　<중거리>: 중체, 반체
　　　　<가루체>: 신체, 모시미리, 참체, 접체, 벤체
　　　　<고은체>: 풀체, 접체, 술체, 곰방체
용 도: 고르기, 거르기
성 능: <어레미>: 지름 3～5㎜
　　　　<중거리>: 지름 2㎜
　　　　<가루체>: 지름 0.5～0.7㎜(가루빼기)
　　　　<고은체>: 액체 거르기
종 류: ① 어레미 ② 체
부위명: 1. 쳇불 2. 쳇바퀴 3. 쳇다리 4. 함지
비 고: 대오리·철사·말총을 겯거나 천으로 쳇불을 만듦

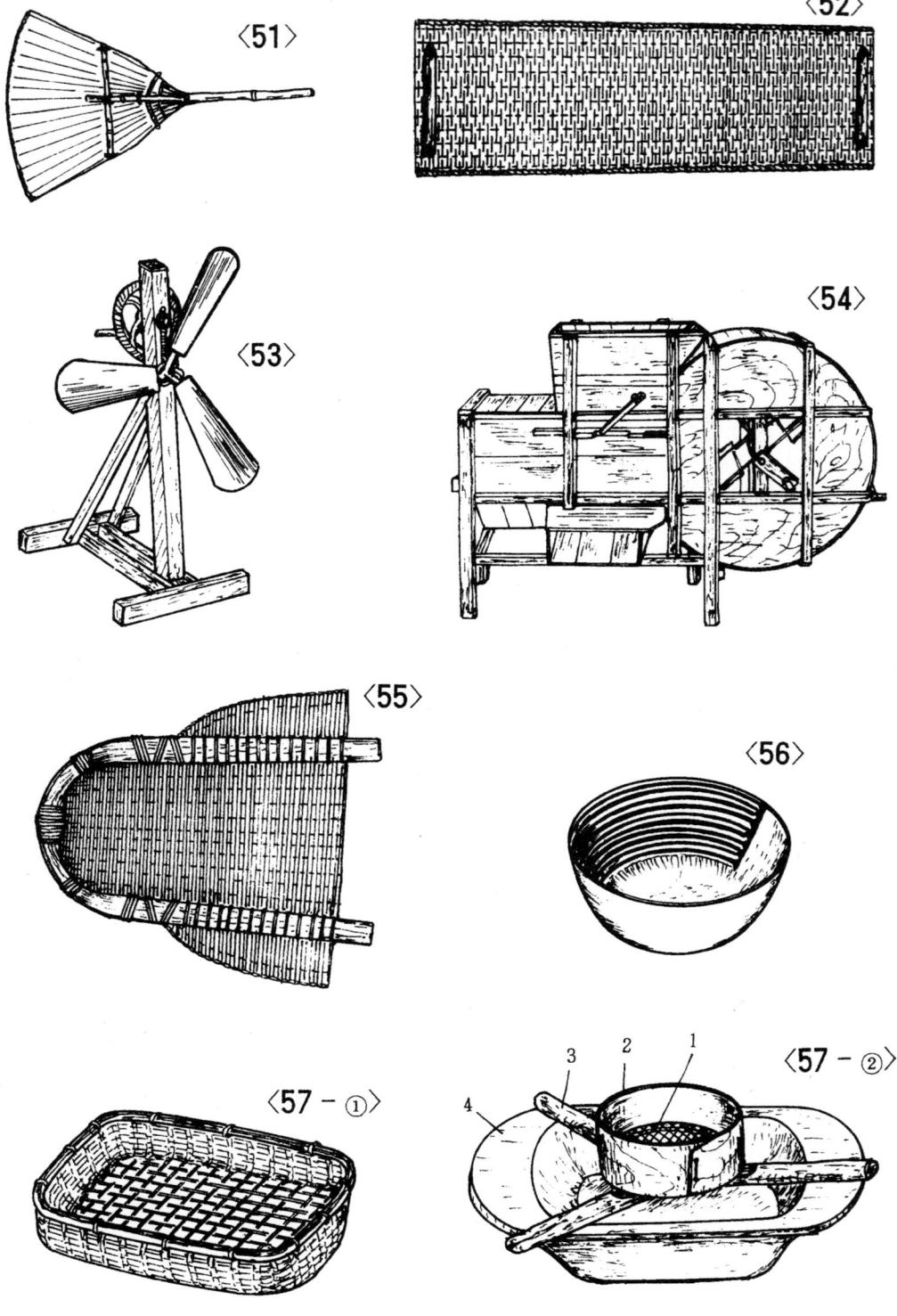

⟨51⟩

⟨52⟩

⟨53⟩

⟨54⟩

⟨55⟩

⟨56⟩

⟨57 - ①⟩

⟨57 - ②⟩

9. 말리기 연장

58) 얼루기 笓, 乾燥架 Drying frame

방　언: 얼룩
용　도: 곡식단 말리기
성　능: 5～7가마분의 보릿단
비　고: 여러 개의 장대를 원추모양으로 엮어 세워놓고, 그 위에 곡식단을 바람
　　　　이 통하도록 엉성하게 얹어서 말림

59) 도래방석 回方蓆 Round straw-mat

방　언: 도트레 방석, 도리방석
용　도: 농산물 말리기
성　능: 지름 1～2m
비　고: 짚으로 새끼날을 싸서 엮어 만듦

60) 멍석 簧 Square straw-mat

방　언: 덕석
용　도: 농산물 말리기
성　능: 1.5×2m(벼 1가마 분)
비　고: 짚으로 새끼날을 싸서 엮어 만듦

61) 발 簾 Drying mat

방　언: 통발
용　도: 채소 말리기
성　능: 1.5×2*m*
비　고: 대·싸리·갈대·수수깡 등을 엮어 만듦

62) 거적 藁 Rough straw-mat

방　언: 거적대기, 꺼적
용　도: 고추 말리기, 온상 덮기
성　능: 1×2*m*
비　고: 짚을 듬성듬성 엮어 만듦

63) 채반 Wicker tray

방　언:
용　도: 채소 말리기, 음식 담기
성　능: 지름 50~100㎝
비　고: 대오리·싸리·버드나무 등으로 결어 만듦

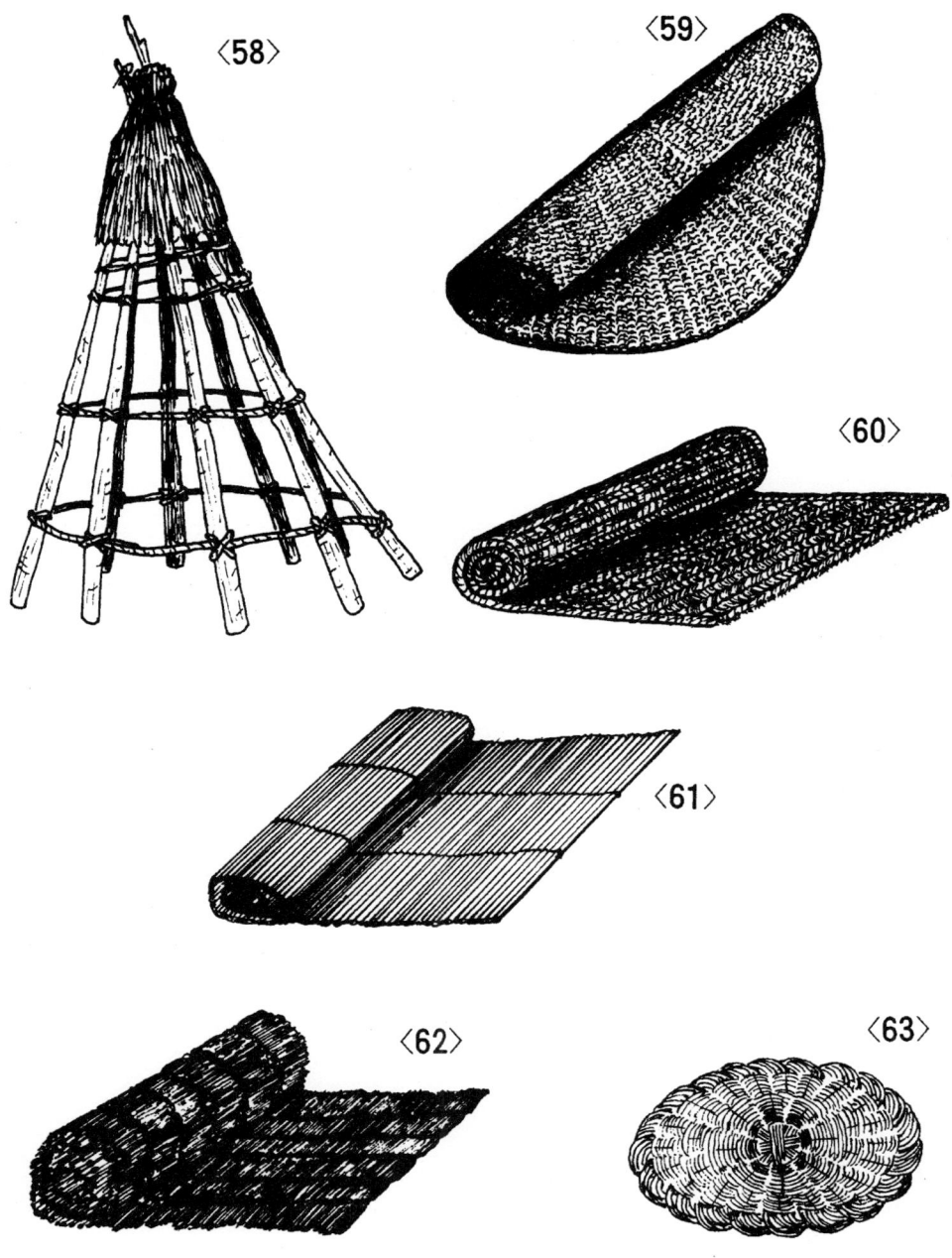

〈58〉

〈59〉

〈60〉

〈61〉

〈62〉

〈63〉

10. 방아 연장

64) 절구 臼, 石臼, 木臼 Mortar

방　언: 도구통, 도구, 절기방아, 남방애(제주)

용　도: 쓿기, 빻기

성　능: 벼 0.5~1가마/일(두 사람이 할 때)

종　류: ① 나무절구 ② 돌절구 ③ 남방애(제주)

부위명: 1. 절구 2. 절구공이

비　고: 공이가 돌로 된 것도 있음

65) 디딜방아 碓, 碏臼 Tread mortar

방　언: 딸각방아, 발방아, 돈방아, 손방아

용　도: 쓿기, 빻기

성　능: 벼 1.5~2가마/일(두 사람이 할 때)

부위명: 1. 공이 2. 방이채 3. 쌀개 4. 볼씨 5. 다리 6. 확

비　고: ○ 두 다리가 보통이나 외다리방아(디욤방아)도 있음

　　　　○ 방아공이는 쇠나 나무 또는 돌로 되어 있음

　　　　○ 고구려 벽화에 등장

　　　　○ 고구려의 승려 담징이 일본에 전래

66) 물레방아 磑, 水車 Water wheel mortar

방   언: 물방아
용   도: 쓿기, 빻기
성   능: 벼 5가마/일
부위명: 1. 방이채 2. 굴대 3. 물레바퀴 4. 발
비   고: ○ 디딜방아와 같으나, 물의 낙차를 이용하여 물레를 돌려 굴대에 박힌
　　　　　발이 방아채를 누름
　　　　 ○ 물레방아는 뒤에 개량방아(도정기)를 돌리는 동력원으로 사용됨

67) 물방아 水碓 Water mortar

방   언: 벼락방아, 통방아
용   도: 쓿기, 빻기
성   능: 벼 2가마/일
부위명: 1. 방이채 2. 물통 3. 물홈
비   고: 디딜방아와 같으나 다리대신 물통을 달아 흐르는 물을 담아 그 무게로 함

68) 갈돌 石臼擣 stone mortar

방   언: 돌확, 확독
용 도: 쓿기
성   능:
종   류: ① 갈돌 ② 돌확
부위명: 1. 갈판 2. 갈돌
비   고: 갈판이 자배기로 된 것도 있음

69) 맷돌 磨 Hand millstone

방 언: 맷독, 풀매, 망, 망돌가래, 매(준말)
용 도: 쓿기, 갈기
성 능: 두부콩 갈기 5리터/시간
부위명: 1. 맷손 2. 맷돌 3. 매함지(매판)
비 고: ○ 지름이 20~100cm까지 크기가 다양함
　　　　○ 매함지가 돌로 된 것에는 맷돌 아랫판과 함지가 한 몸으로 된 것도
　　　　　 있음

70) 매통 礱, 木磨(土磨) Rice huller

방 언: 매, 통매, 목마
용 도: 현미내기
성 능: 벼 3~4가마/일
종 류: ① 매통(나무매) ② 토매
부위명: 1. 맷손 2. 위판 3. 아랫판
비 고: ○ <맷방석>: 도래방석(59)과 비슷하나 둘레에 울을 세움
　　　　○ <토매>: 대나무로 짠 매통 안에 진흙을 채우고 대쪽을 깎아 박은 다
　　　　　 음 말려서 매통처럼 사용함

71) 연자매 輾, 碾子, 硏子 Animal driven millstone

방 언: 돌방아, 연지마
용 도: 방아찧기(벼·보리·조·수수·밀 등)
성 능: 벼 5~6가마/일
부위명: 1. 테 2. 고줏대 3. 고줏구멍 4. 방틀 5. 후리채 6. 뺑이
비 고: 소에 메워 위판을 돌림

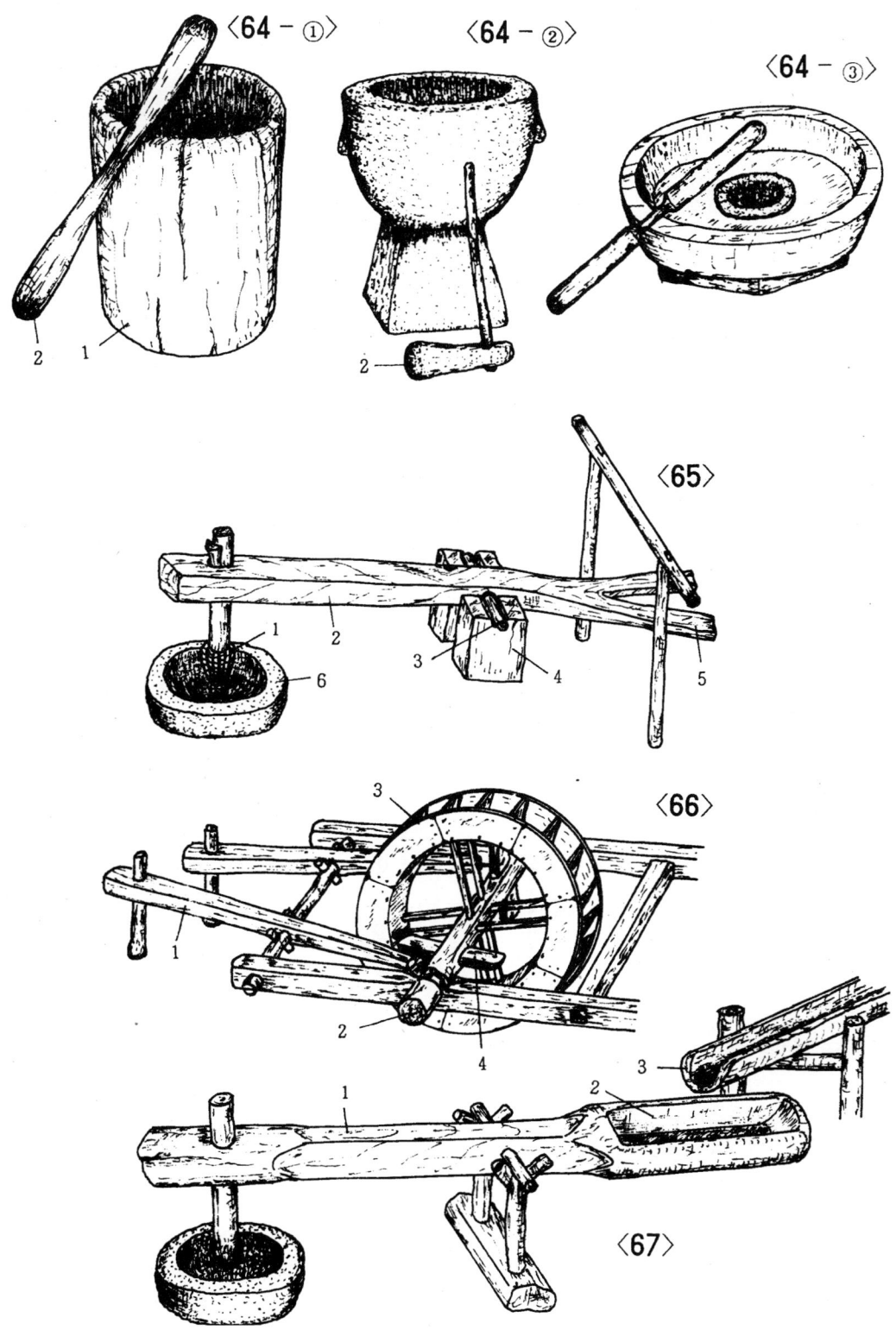

〈64 - ①〉

〈64 - ②〉

〈64 - ③〉

〈65〉

〈66〉

〈67〉

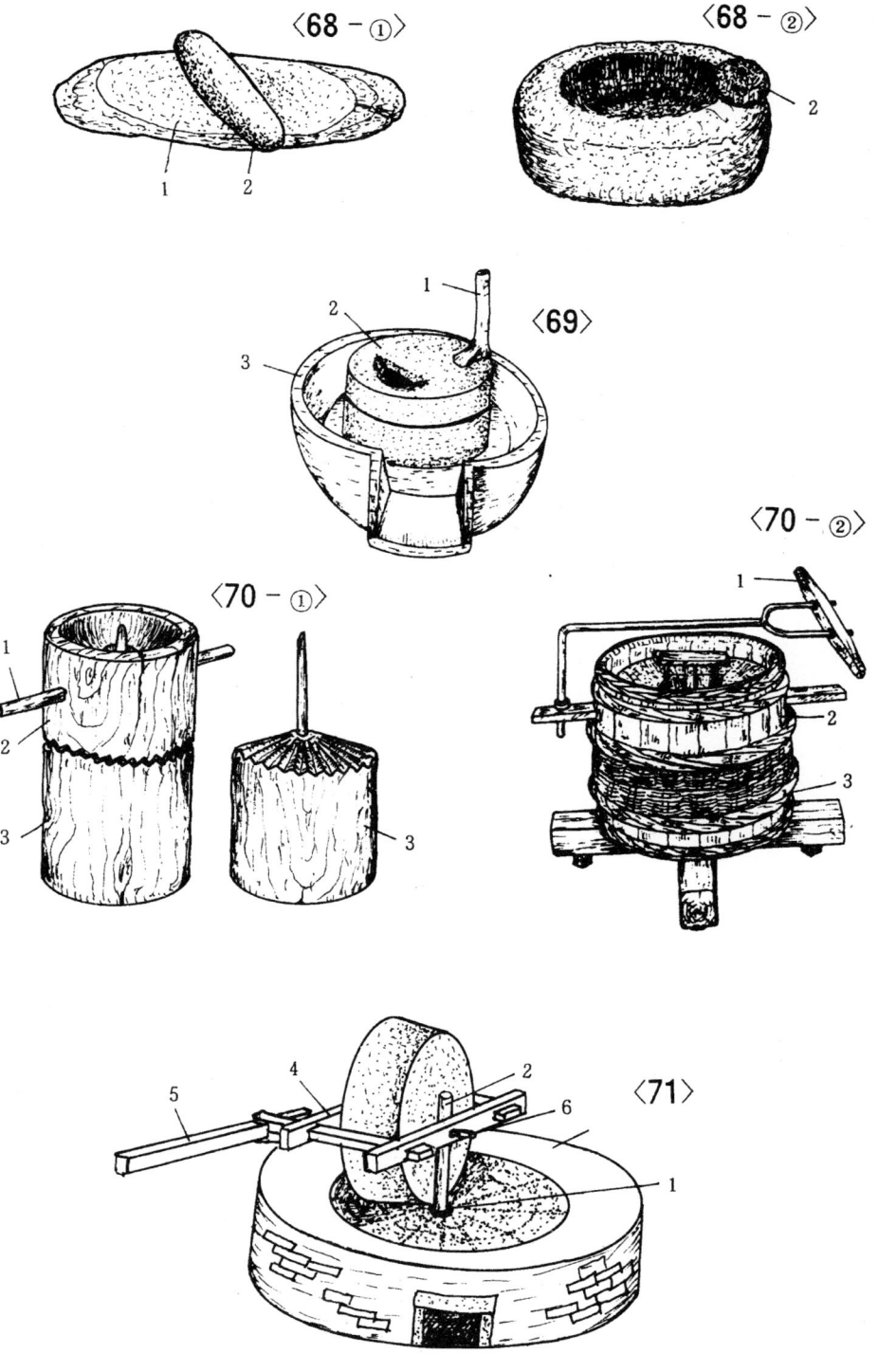

⟨68 - ①⟩

⟨68 - ②⟩

⟨69⟩

⟨70 - ②⟩

⟨70 - ①⟩

⟨71⟩

11. 갈무리 연장

72) 독 缸, 甕 Vat

방　언: 도가지

용　도: 곡식·식품 갈무리

성　능: 100~300리터

비　고: ○ 보통 질그릇으로 만듦
　　　　○ <채독>: 대오리나 싸리를 결어 만든 다음 그 위에 종이를 발라 만든 독
　　　　○ <유지항아리>: 기름먹인 종이로 만든 독 또는 항아리
　　　　○ <나무독>: 통나무의 속을 파내어 만든 독

73) 뒤주 斗庋 Grain bin

방　언: 나락뒤주, 나락두지, 두태통, 둑집

용　도: 곡식 갈무리

성　능: 크기가 다양함(10~15섬)

종　류: ① 나무로 만든 것 ② 대나무로 만든 것

비　고: 짚으로 멱둥구미처럼 만들거나, 나무로 집처럼 짓거나, 대쪽으로 겯고 틈새를 진흙으로 메워 만든 통에 곡식을 넣고 지붕을 덮음

74) 쌀뒤주 斗庋 Rice chest

방　언: 뒤주(준말), 두지
용　도: 쌀 담아두기
성　능: 50~150리터
비　고: 보통 나무판자로 짜서 만드나, 통나무의 속을 파내서 만든 것도 있음

75) 통가리 蓆囤 Potato bin

방　언: 발, 발가리, 감자울, 발두지, 둥가리
용　도: 감자・고구마 갈무리
성　능: 크기가 다양함
비　고: 싸리・쑥대・수수깡・뜸 등으로 엮은 발을 둘러쳐서 만듦

76) 섬 藁篅 擔苫 Rough straw-bag

방　언: 셤, 석
용　도: 곡식 갈무리
성　능: 200리터
비　고: ○ 짚을 거적(62)처럼 엮어 만듦(그림 109 참고)
　　　　○ <오쟁이>: 섬보다는 크기가 작은 것

77) 중태 Grain bag

방　언: 중태(강원도), 탈래기
용　도: 곡식・감자 갈무리
성　능: 100~150리터
비　고: 강원도 지방에서 쓰는 가는 새끼로 짠 가마니의 일종

78) 가마니 叺 straw-bag

방　언: 가마니(일본어)
용　도: 곡식 갈무리
성　능: 100리터
비　고: 가마니틀(110)과 함께 1900년대 초에 일본에서 전래

79) 멱서리 網篅, 筧子 Round straw-bag

방　언: 며꾸리, 멱사리, 멱다리, 부게, 구멱어리
용　도: 곡식 갈무리
성　능: 100~150리터
비　고: 멱둥구미(137)와 같으나 울이 깊음

80) 뒤웅박 瓠 Seed box

방　언: 두베, 됨박, 두벵, 주름박, 뒝박
용　도: 씨앗 갈무리
성　능: 5~10리터
비　고: 박을 쪼개지 않고 속을 파내서 만듦

81) 씨주머니 Seed bag

방　언: 씨앗망태
용　도: 씨앗 갈무리
성　능: 5~10리터
비　고: 짚으로 엮어 만듦

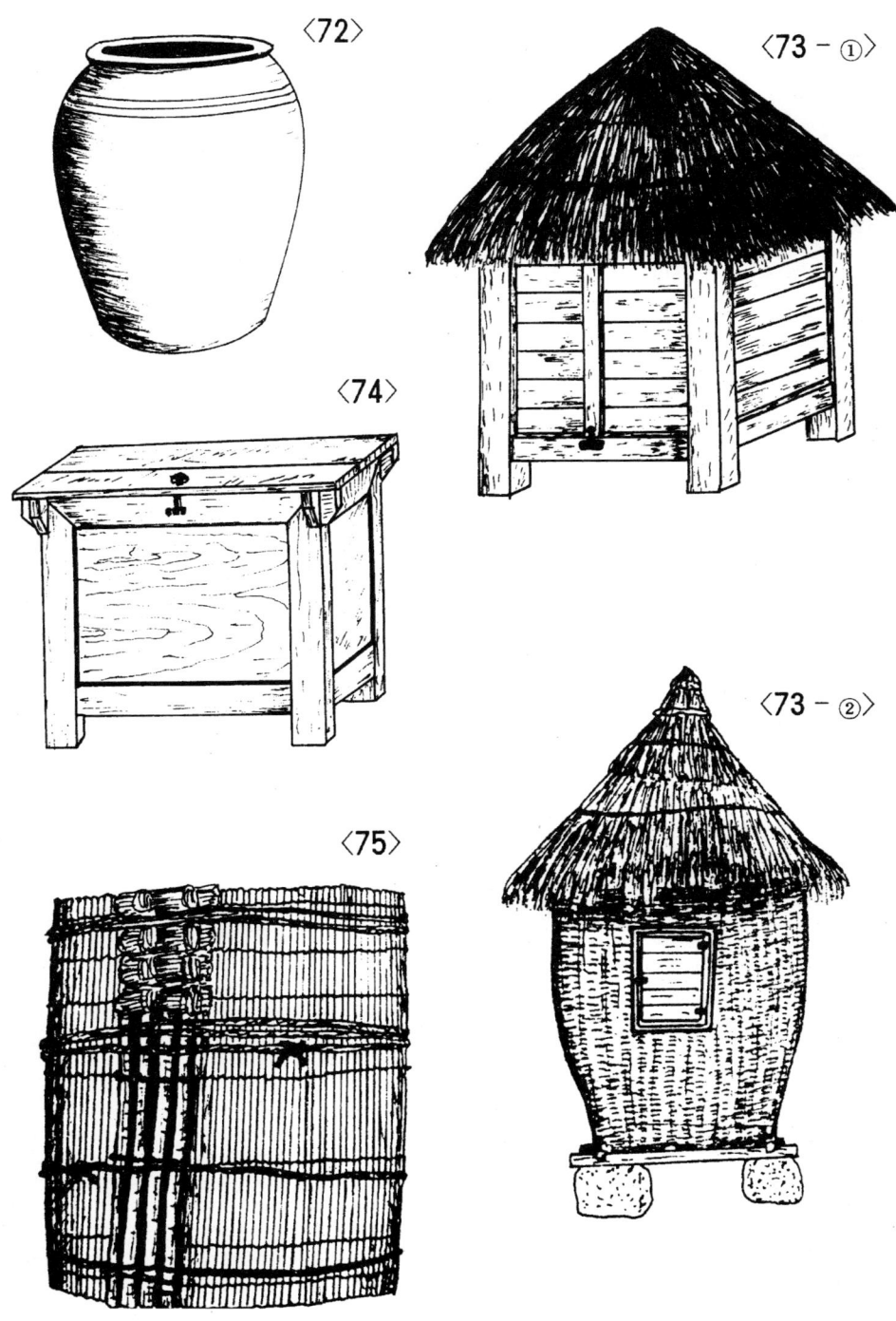

〈72〉

〈73 - ①〉

〈74〉

〈73 - ②〉

〈75〉

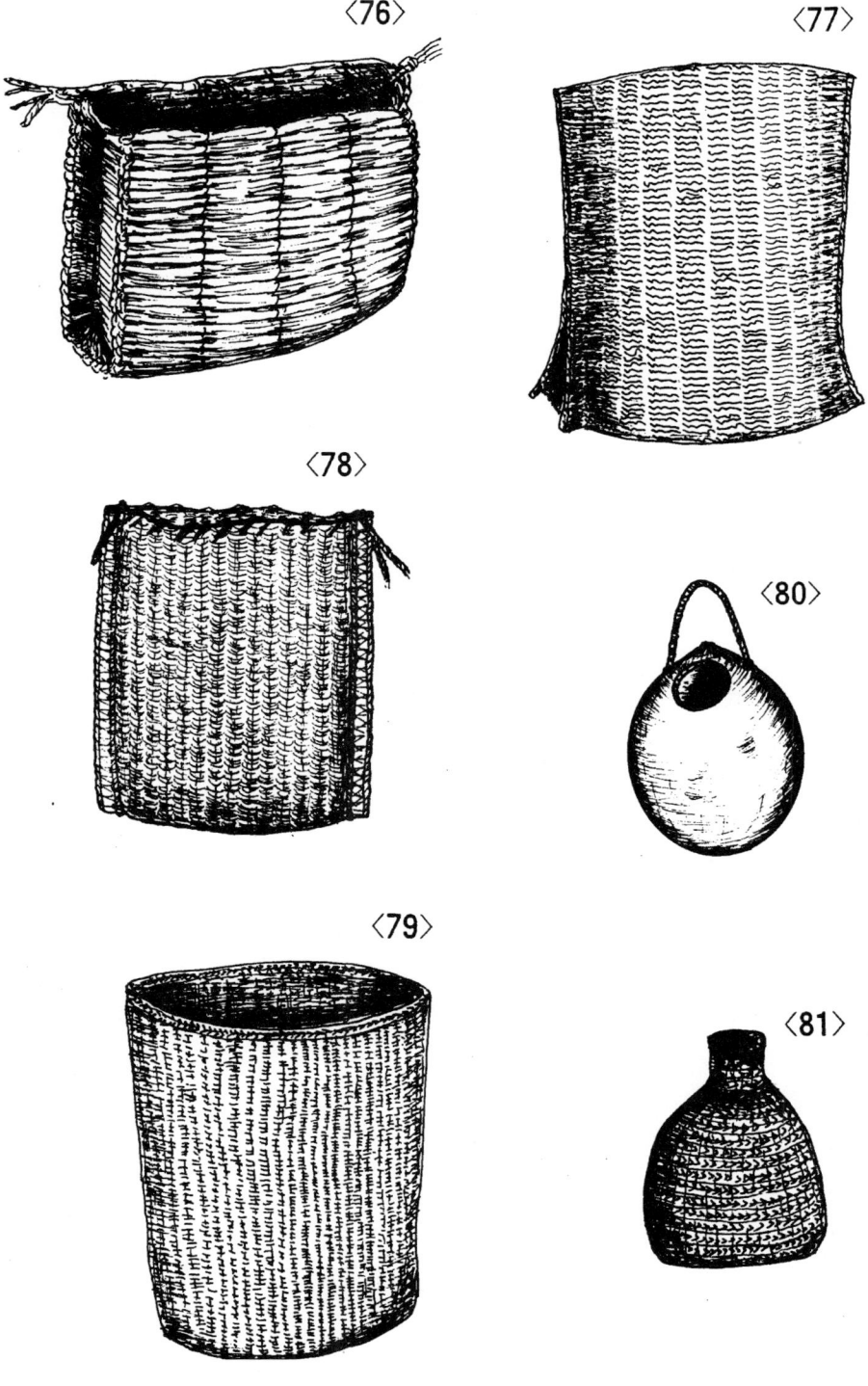

〈76〉

〈77〉

〈78〉

〈80〉

〈79〉

〈81〉

12. 나르기 연장

82) 지게 背架子, 支機 Korean A frame

방　언:
용　도: 짐 나르기
성　능: 30~50kg
종　류: ① 지게 ② 쟁기지게 ③ 물지게(거름지게)
부위명: 1. 세고자리 2. 윗세장 3. 밀삐세장 4. 허리세장 5. 가지 6. 등태 7. 목발
　　　　8. 밀삐(멜빵) 9. 탕개 10. 지게작대기 11. 발채 12. 고리 13. 거름통(물통)
비　고: ○ 두메의 지게는 목발이 비교적 짧음
　　　　○ 싣는 짐에 따라 새고자리나 가지의 길이가 길거나 짧음
　　　　○ 한국고유의 연장
　　　　○ 삼한시대에도 사용

83) 길마 鞍, 鞍子 Loading saddle

방　언: 지르마, 질매, 질마, 기르마
용　도: 옹구·거지개·걸채를 올려놓는 안장
성　능:
부위명: 1. 겉언치 2. 앞가지 3. 뒷가지 4. 껑거리막대 5. 껑거리 끈 6. 뜸새끼 7. 등어리막대
비　고:

84) 거지게 Ox A frame

방 언:
용 도: 짐 나르기
성 능: 100~150kg
비 고: 소에 쓰는 지게로 길마(83) 위에 얹음.

85) 걸채 牛畚 Ox dosser

방 언: 베걸채, 발구, 발귀, 발기, 발채
용 도: 곡식단 나르기
성 능: 100~150kg
부위명: 1. 앞마구리 2. 뒷마구리 3. 걸챗불
비 고: 길마(83) 위에 얹는 엉성하게 짠 망이나 발을 맨 틀로 곡식단 등을 나를
　　　때 씀

86) 옹구 牛畚 Ox Pannier

방 언: 원구, 온구, 옹기, 망구
용 도: 짐 나르기(감자·채소·두엄 등)
성 능: 100~150kg
비 고: ○ 틀은 걸채(85)와 같으나 짐을 싣는 것이 짚으로 짠 망이나 자루로 되
　　　어 있으며, 밑을 열어 짐을 쏟음
　　　○ 길마(83) 위에 얹음

87) 발구 橇 Sled

방 언: 발기, 걸채
용 도: 짐 나르기
성 능: $100 \sim 200kg$
비 고: 수레가 다닐 수 없는 곳에서 쓰는 일종의 썰매

88) 썰매 Snow sled

방 언:
용 도: 짐 나르기
성 능: $100 \sim 200kg$
비 고: 눈 위에서 사용

89) 끌배 Hand drawn boat

방 언: 끌배
용 도: 짐 나르기(모춤 등)
성 능: $30 \sim 50kg$
비 고: 물고랑 사이를 다닐 수 있는 손으로 끄는 작은 배

90) 수레 車 Handcart

방 언: 손수레
용 도: 짐 나르기
성 능: $100 \sim 200kg$
비 고: 사람이 끄는 바퀴 달린 수레

91) 달구지 車, 牛車 Oxcart (2wheel)

방 언: 마차, 구루마(일본말)

용 도: 짐 나르기

성 능: 500~1000kg

비 고: ○ 소가 끄는 수레로 수레(90)와 비슷함
　　　 ○ 고구려 고분 벽화에도 등장
　　　 ○ 그림 90 참고

92) 마차(우차) 牛車 Oxcart(4wheel)

방 언: 구루마(일본말)

용 도: 짐 나르기

성 능: 500~1000kg

비 고: 네 바퀴가 달린 수레로 앞차축이 좌우로 회전할 수 있어, 가는 방향을
　　　 잡음

93) 들것 擔輿 stretcher

방 언:

용 도: 짐 나르기(농산물·두엄 등)

성 능: 50~60kg(두 사람)

비 고: 짚으로 멍석처럼 엮어 만듦

94) 갸자 架子, 食輿 Wooden stretcher

방　언:
용　도: 짐 나르기(곡식·음식 등)
성　능: 30~50㎏(두 사람)
비　고: 나무로 만듦

95) 망태기 漉襄, 網袋 Net straw-bag

방　언: 망태(준말), 주루막
용　도: 짐 나르기(꼴·낙엽 등)
성　능: 쓰임에 따라 크기가 다양
종　류: ① 망태기 ② 주루막
비　고: ○ 용도에 따라 <나무망태기> <꼴망태기>가 있음
　　　　○ <주루막>: 강원도에서 사용되는 망태기로 아가리를 매게 되어 있음
　　　　○ <구럭>: 망태기와 같으나 섬처럼 사용

96) 나무다래끼 Back basket

방　언: 다루깨, 웃깨
용　도: 낙엽·꼴 나르기
성　능: 150~200리터
비　고: 전라도 지방에서 사용하는 멜빵이 달린 큰 바구니로 나무(낙엽) 할 때 씀

97) 발채 Korean A frame basket

방 언: 소구리, 바소거리

용 도: 지게짐 싣기

성 능: 50~100리터

비 고: ○ 싸리나 대나무로 만듦

　　　○ 지게(82) 위에 얹어 모래·자갈·거름 등의 짐을 나를 때 씀

　　　○ 그림 82-①-11

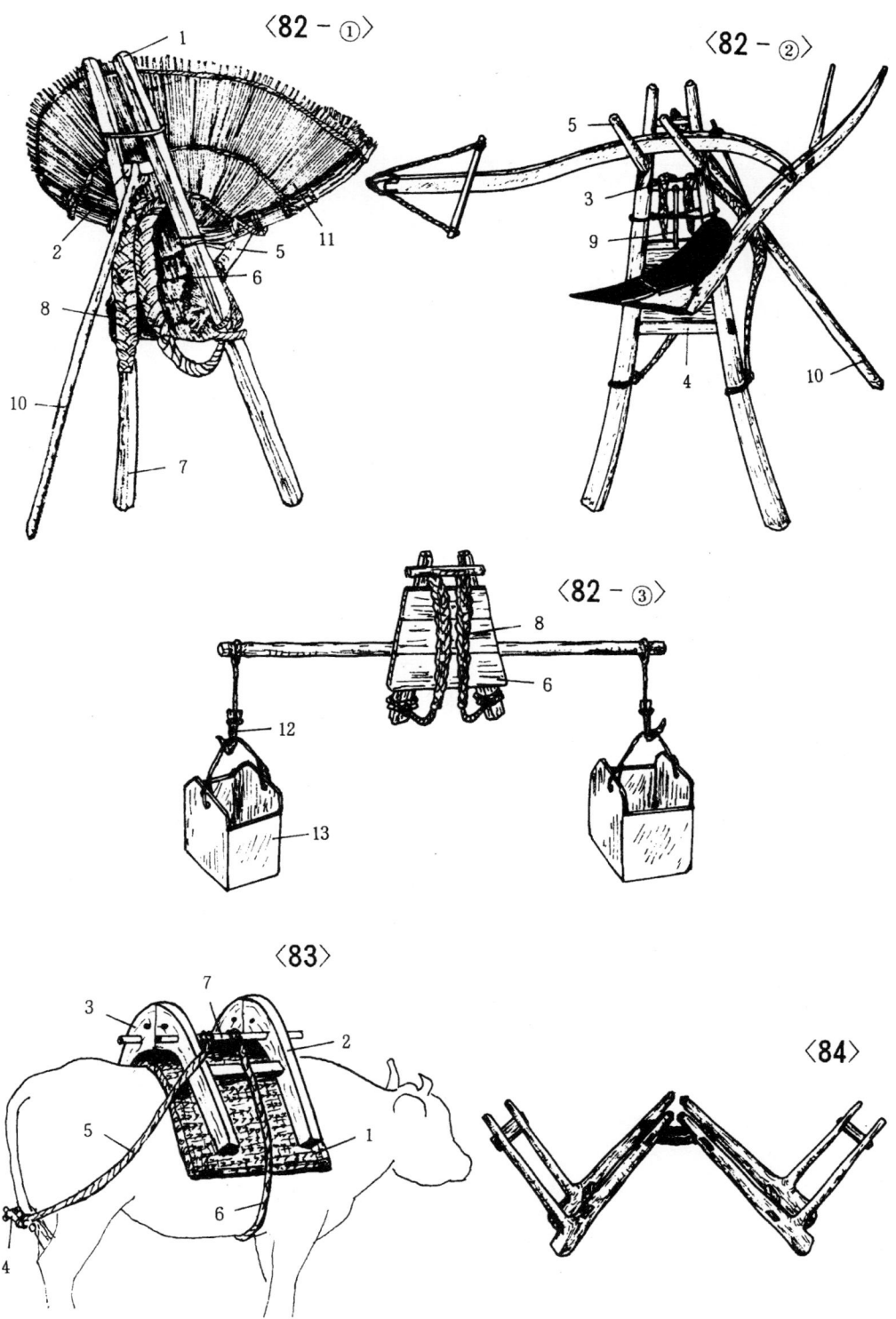

〈82 - ①〉

〈82 - ②〉

〈82 - ③〉

〈83〉

〈84〉

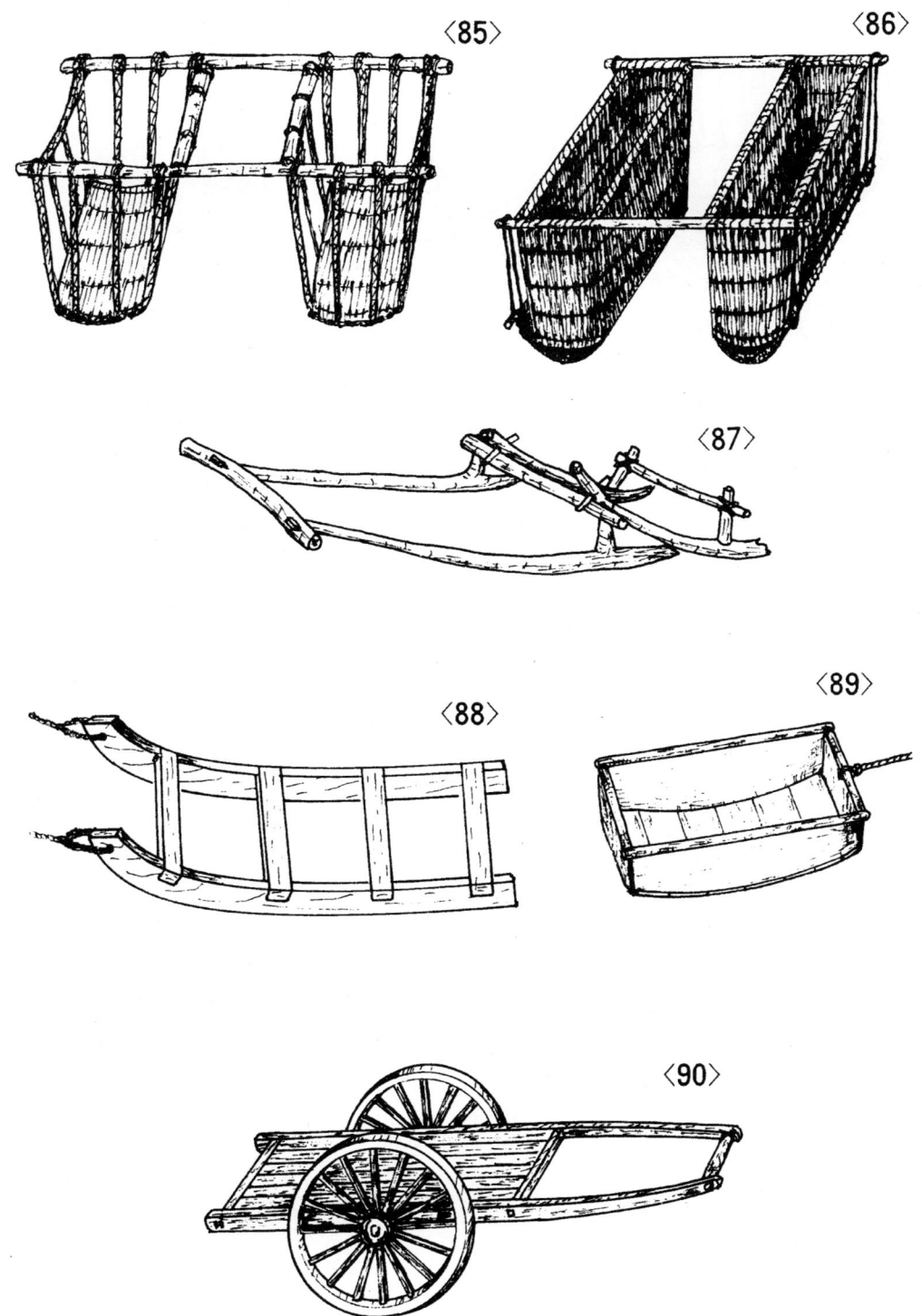

〈85〉

〈86〉

〈87〉

〈88〉

〈89〉

〈90〉

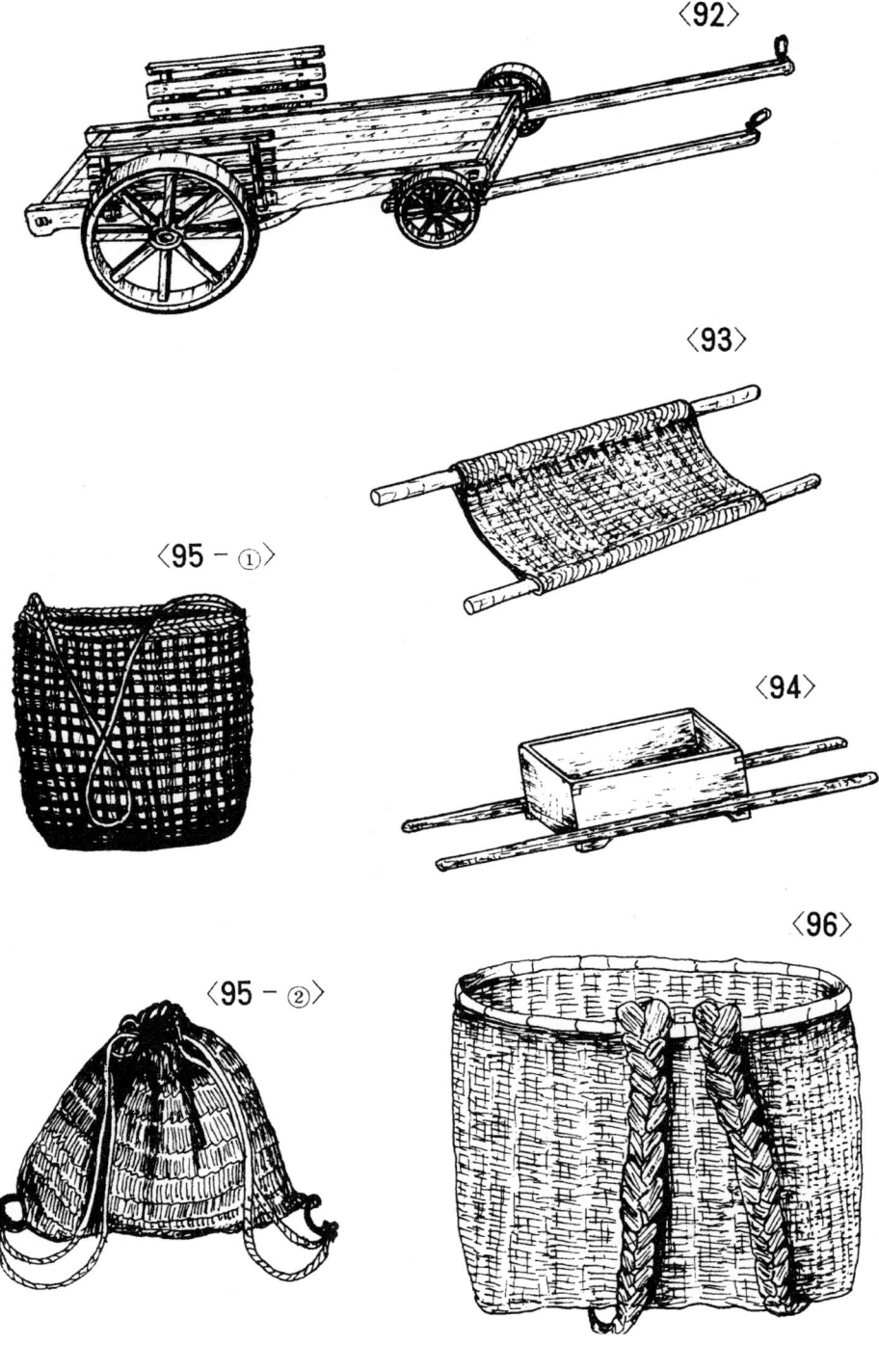

〈92〉

〈93〉

〈95 - ①〉

〈94〉

〈95 - ②〉

〈96〉

13. 축산 연장

98) 구유 槽 Manger

  방   언: 구시, 구이, 귀, 기숭, 궤이, 구숨, 귀영, 소죽통, 여물통, 통
  용   도: 쇠죽주는 그릇
  성   능: 20~50리터
  종   류: ① 나무구유 ② 돌구유
  비   고: 통나무·판자·돌등으로 만듦

99) 여물바가지 Cattle feed dipper

  방   언: 여물막(준말), 쇠죽바가지
  용   도: 쇠죽퍼담기
  성   능: 2~3리터
  비   고: 통나무를 파서 만들며 자루가 있음

100) 쇠죽 쇠스랑 Cattle feed fork

  방   언: 손쇠스랑
  용   도: 쇠죽뒤집기
  성   능: 길이 50~60㎝
  비   고: 갈고리나 작은 괭이처럼 생긴 것도 있음

101) 작두 鍘刀, 斫刀 Fodder chopper

방　언: 짝도, 작도, 짝두, 부질
용　도: 여물썰기, 짚썰기
성　능: 여물썰기 10가마/시간(두 사람이 할 때)
종　류: ① 손작두 ② 발작두
비　고:

102) 덕석 牛衣 Straw-rug for cattle

방　언: 덥석, 덕새기
용　도: 겨울철 소 보온
성　능: 1×2m
비　고: ○ 짚으로 멍석이나 거적처럼 엮어 만듦
　　　　그림 60~62참고

103) 부리망 網口 Muzzle

방　언: 입멍에
용　도: 소 입마개
비　고: ○ 가는 새끼로 떠서 만듦
　　　　○ 그림 2-④-16

104) 어리 鷄巢 Coop

방 언: 종두리, 삘가리통, 달구가리, 가리, 달구어까리
용 도: 병아리집
성 능: 한 배의 병아리(20여 마리)
비 고: 만드는 재료에 따라 형태가 다양함

105) 둥우리 籠 Nest

방 언: 둥어리, 종두리, 둥지, 둥제기, 알둥저리
용 도: 알낳기, 알까기
성 능:
비 고: 짚으로 용마름처럼 엮거나 떡둥구미처럼 둥글게 돌려 엮어 만듦

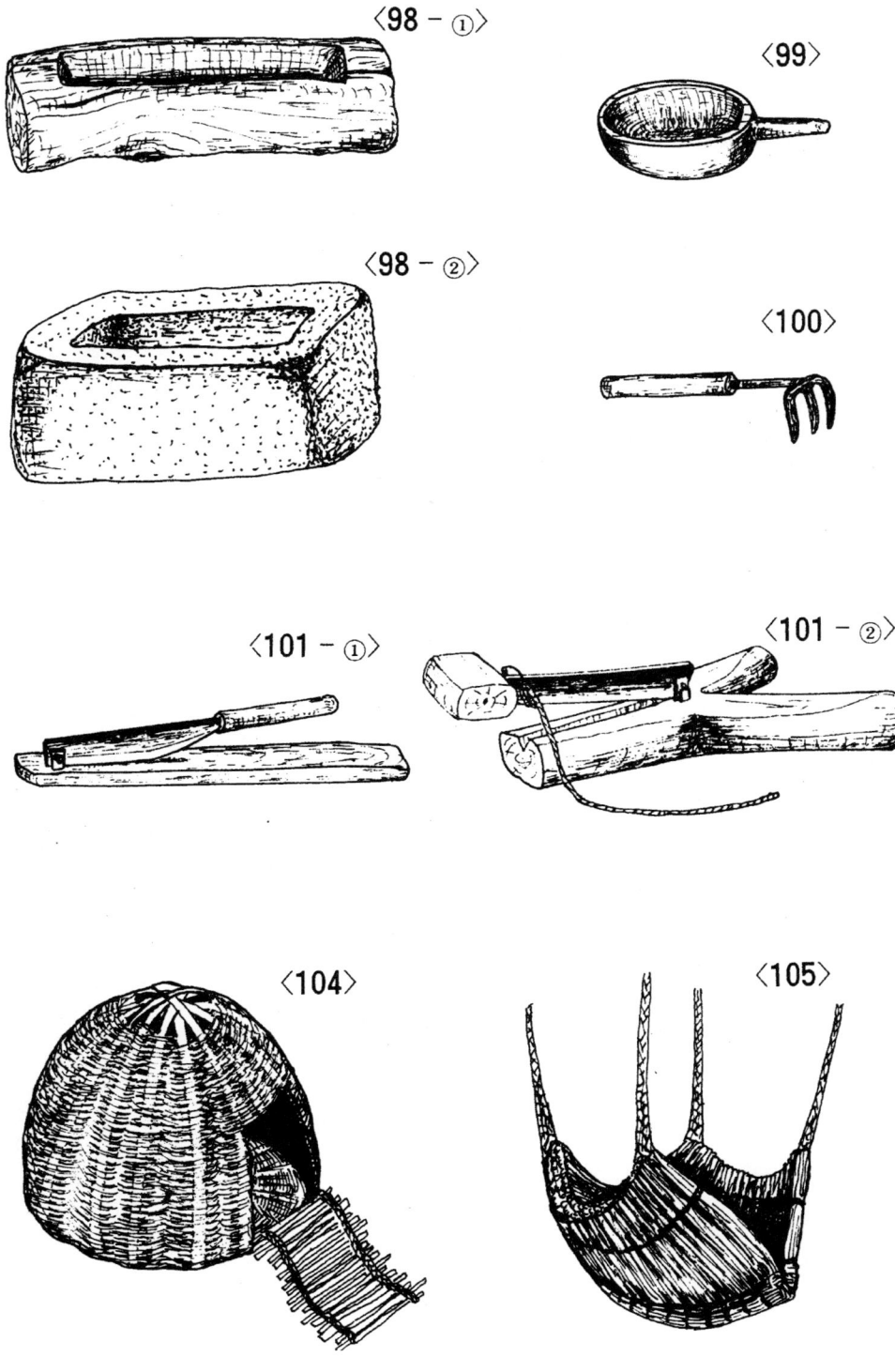

〈98 - ①〉

〈99〉

〈98 - ②〉

〈100〉

〈101 - ①〉

〈101 - ②〉

〈104〉

〈105〉

14. 농산제조 연장

106) 짚추리개 straw trimer

　방　언: 좀치개(제주)
　용　도: 짚추리기
　성　능: 짚 10단/시간
　비　고: 나무판자를 빗처럼 살을 파서 만듦

107) 자새 繅車, straw-rope reel

　방　언: 돌물레, 자애, 얼레
　용　도: 동아줄 꼬기
　성　능: 동아줄 $5m$/시간
　비　고: 혼자서 짚을 대고 돌리면서 동아줄에 쓰일 가닥을 꼼

108) 돌물레 繩車 straw-rope twisting handle

　방　언: 바자우이, 돌물리, 둥글개, 자새
　용　도: 동아줄 꼬기
　성　능: 동아줄 $5m$/시간
　비　고: 한사람이 돌리고 다른 한 사람은 짚을 대면서 동아줄에 쓰일 가닥을 꼼

109) 섬틀 空石機 straw-bag weaving frame

방 언:
용 도: 섬 엮기
성 능: 5장/일
부위명: 1. 틀 2. 섬 3. 고드렛돌
비 고: 섬틀에서 쓰는 고드렛돌은 보통 나무로 만듦

110) 가마니틀 straw-bag weaving loom

방 언:
용 도: 가마니 짜기
성 능: 5장/일(두 사람이 할 때)
부위명: 1. 도리 2. 기둥 3. 바디 4. 바늘
비 고:

111) 자리틀 蓆機 Seat-mat weaving frame

방 언:
용 도: 자리 짜기
성 능:
비 고: ○ 섬틀처럼 엮는 방식(그림 109참조)과 가마니틀처럼 바디로 짜는 방식
　　　　　(그림 110참조)이 있음
　　　　○ <고드렛돌>: 자리 엮을 실을 감은 돌로, 돌·쇠·나무·사기로 만듦

112) 신틀 履機 Straw-shoes making tools

방 언:
용 도: 짚신삼기
성 능: 3컬레/일
비 고:

113) 엿틀 Taffy-Press

방 언:
용 도: 엿고을 물 짜기
성 능:
비 고:

114) 기름틀 油榨 Oil-Press

방 언: 고자
용 도: 기름 짜기
성 능: 참기름 10리터/일
비 고: 틀 위에 무거운 돌을 올려서 눌러 짬

115) 국수틀 Vermicelli-Press

방 언:
용 도: 국수빼기
성 능:

부위명: 1. 틀 2. 공이 3. 국수 나오는 곳(밑부분)
비 고: 작은 구멍이 있는 홈통에 반죽된 것을 넣고 지렛대로 공이를 누르면 국
　　　　수가 빠짐

116) 물절구 Extracting mortar

방 언:
용 도: 액즙내기
성 능:
부위명: 1. 절구 2. 공이
비 고:

117) 안반 Rice-cake pounding board

방 언: 떡판
용 도: 떡치기
성 능:
부위명: 1. 안반 2. 떡메 3. 떡살
비 고: <떡살>: 떡의 겉면에 무늬를 찍는 살

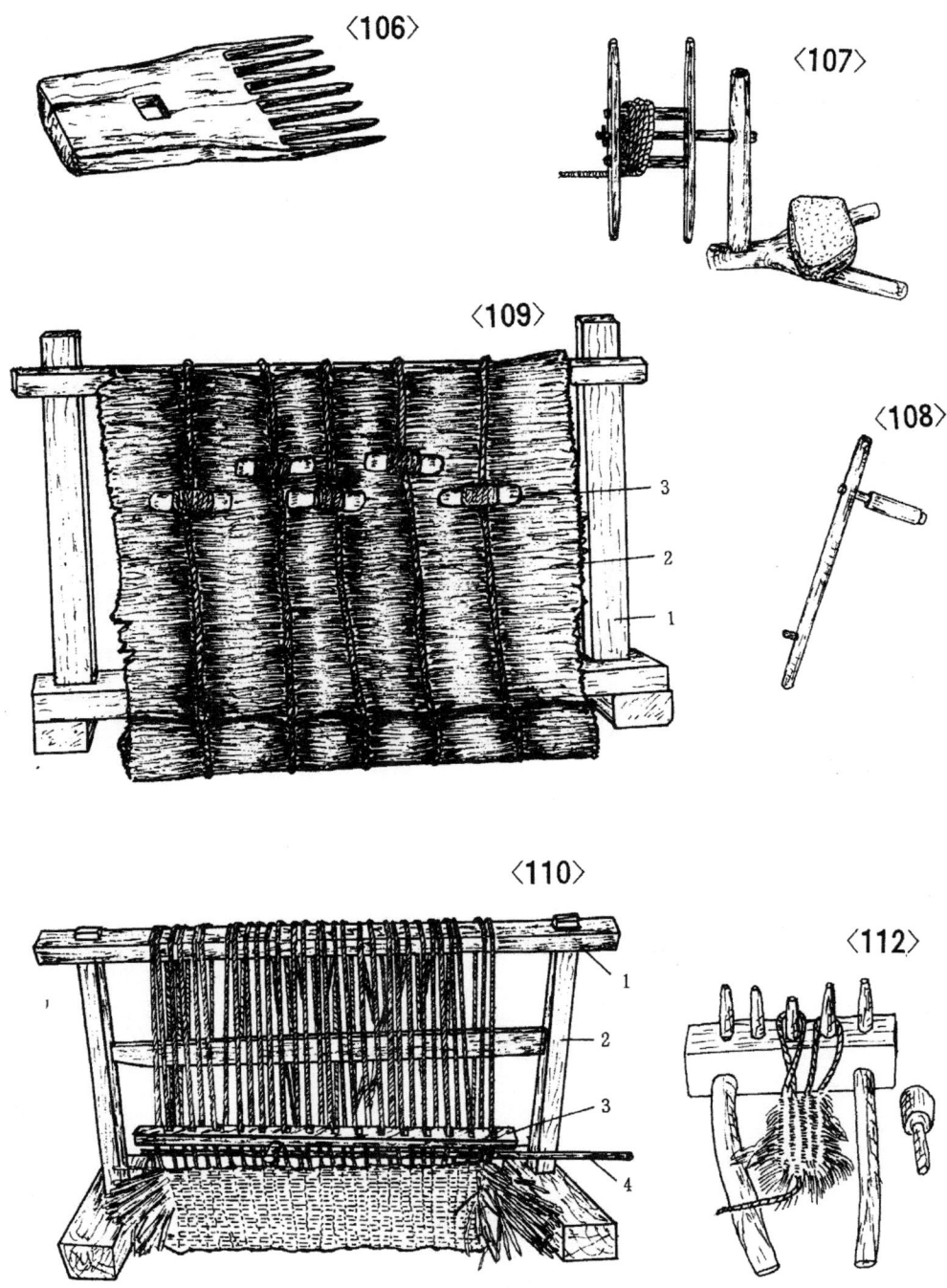

〈106〉

〈107〉

〈108〉

〈109〉

〈110〉

〈112〉

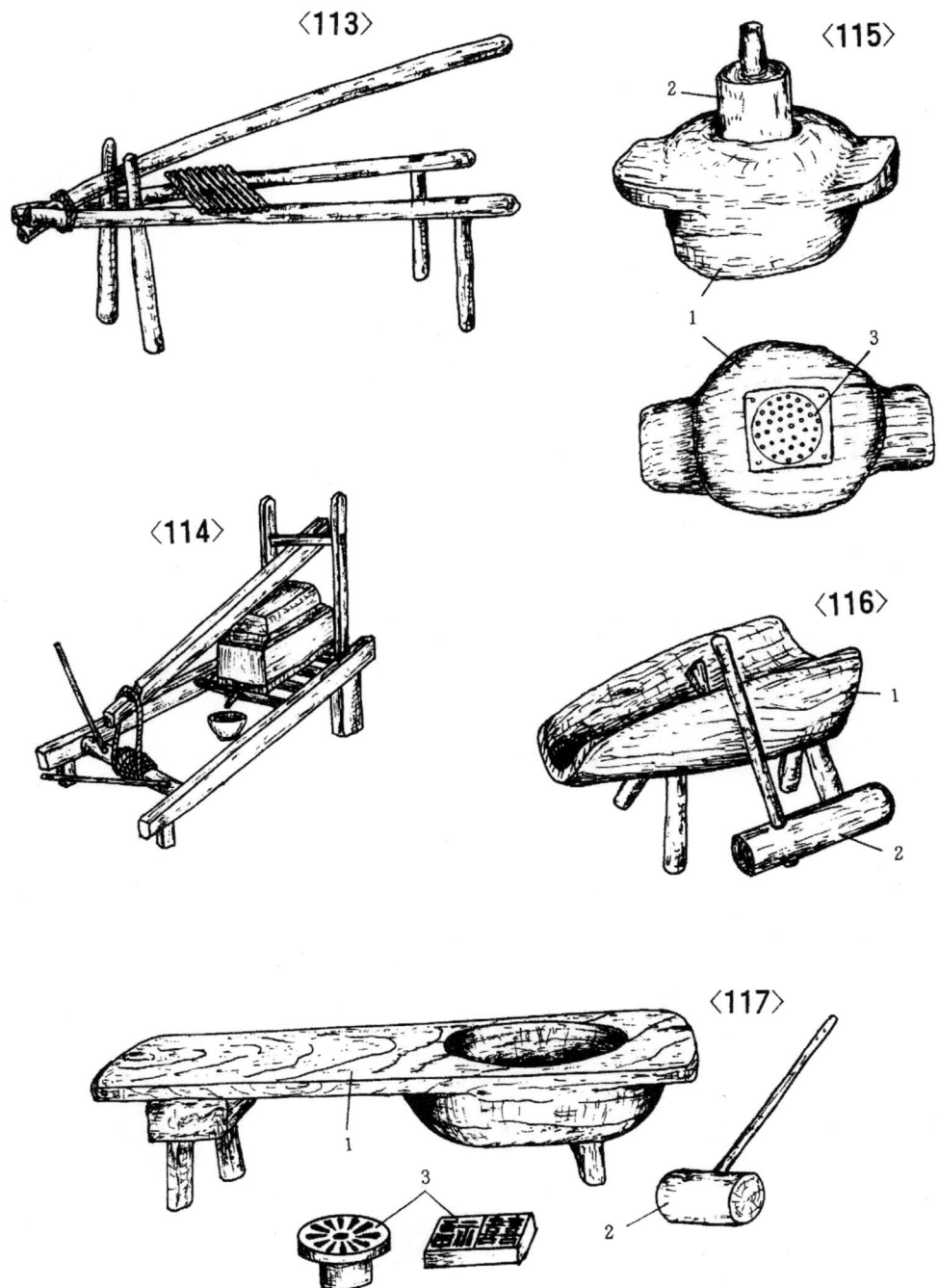

〈113〉

〈114〉

〈115〉

〈116〉

〈117〉

15. 길쌈 연장

118) 씨아 攪車, 碾車, 壓車 Cotten gin

방　언: 쐐기, 씨앗이, 쌔, 타리개
용　도: 목화씨 빼기
성　능: 목화씨 30~40리터/일
종　류: ① 한 사람용 ② 두 사람용
부위명: 1. 가락 2. 귀 3. 잠가락 4. 씨아손 5. 쐐기
비　고: 가락에 귀가 없는 것은 귀 쪽에 씨아손을 달아서 두 사람이 마주보고 돌림

119) 물레 紡車, 緯車 Spinning wheel

방　언: 물리
용　도: 실뽑기
성　능: 무명실 4 가락/일
부위명: 1. 꼭지마리 2. 동줄 3. 굴뚱 4. 물렛줄 5. 괴머리기둥 6. 가락고등
　　　　7. 괴머리 8. 가리장나무 9. 설주 10. 물레바퀴
비　고: 고려시대에 중국에서 전래

120) 얼레 經車 Thread reel

방　언:
용　도: 실감기 · 풀기
성　능:
비　고: 연을 날릴 때에도 씀

121) 돌껏 經車 Thread reel

방　언: 자세, 얼레
용　도: 실감기 · 풀기
성　능:
비　고:

122) 날틀 經架 Thread spindle frame

방　언:
용　도: 실풀기, 날잡기
성　능:
비　고: 베짤 때 날을 바로 잡도록 가락을 끼우는 틀

123) 베틀 機, 織機 Loom

방　언:
용　도: 옷감 짜기
성　능: 삼베 1필/일

부위명: 1. 용두머리 2. 눈썹대 3. 눈썹줄 4. 잉아 5. 잉앗대 6. 속대 8. 최활 9. 부티 10. 말코 11. 앉을깨 12. 뒷기둥 13. 다올대 14. 베틀신 15. 신끈 16. 가로대 17. 눌림대 18. 비경이 19. 베틀다리 20. 앞 기둥 21. 베틀신대 22. 사침대 23. 도투마리 24. 북

비 고: 짜는 옷감에 따라 북과 바디의 모양이 다름

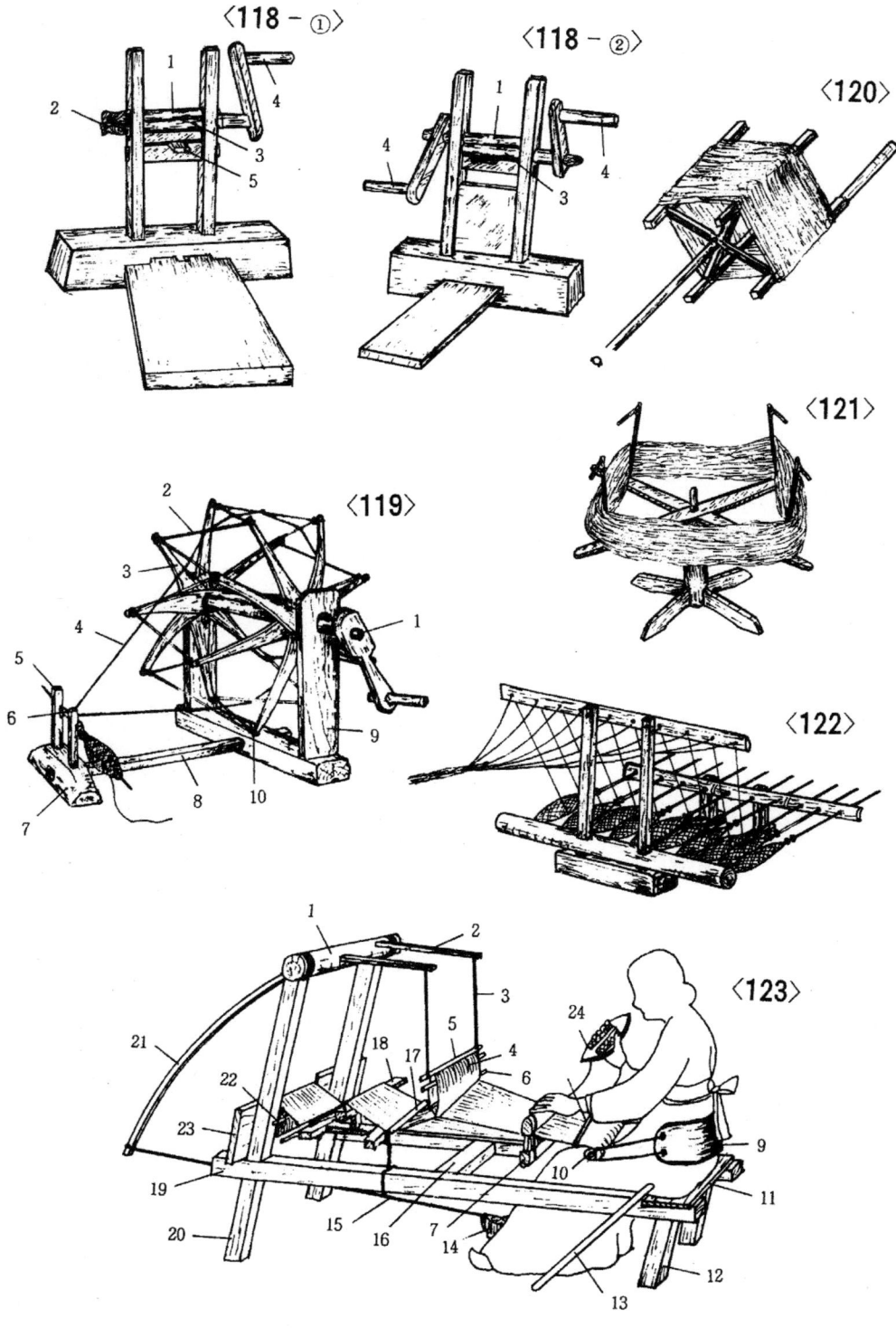

〈118 - ①〉

〈118 - ②〉

〈120〉

〈119〉

〈121〉

〈122〉

〈123〉

16. 기타 연장

124) 갈퀴 柴把子 Rake

방 언: 각지, 까꾸리, 갈쿠, 깍쟁이
용 도: 흙 고르기·덮기, 검불 모으기
성 능: 흙덮기 600평/일(보리)
종 류: ① 대 갈퀴 ② 물푸레나무 갈퀴
부위명: 1. 갈퀴발 2. 위치마 3. 아래치마 4. 갈퀴코 5. 또아리 6. 뒤초리 7. 자루
비 고: 대쪽이나 물추리나무를 불에 구어서 휘어 만듦

125) 넉가래 木枚 Wooden spade

방 언: 가래, 나무가래, 죽가래, 목가래
용 도: 펴널은 곡식 모으기·담기, 눈치우기
성 능: 알곡 0.5리터/회
비 고: 두툼한 판자를 삽 모양으로 따내서 만듦

126) 메 木椎 Wooden hammer

방 언: 박망치, 곰배
용 도: 말뚝박기, 떡치기
성 능:

비 고: ○ <떡메>:떡칠때 쓰는 메
　　　　○ <짚메>: 짚을 부드럽게 할 때 쓰는 메로 보통 메보다 작음

127) 도끼 斧 Axe

방 언: 도꾸
용 도: 나무패기
성 능:
비 고:

128) 까뀌(자귀) 斫耳 Adze

방 언: 까꾸, 자구
용 도: 나무다듬기
성 능:
비 고: 두 손으로 쓰는 것과 한 손으로 쓰는 것이 있음

129) 반달낫 Round siecle

방 언: 꺽쇠낫
용 도: 나무다듬기
성 능:
비 고:

130) 도롱이 雨衣, 蓑衣 Rain-mantle

방 언: 도랭이, 두랭이, 등구지, 느역
용 도: 비옷
성 능:
비 고: 등에 만 걸치며 머리에는 <삿갓>을 씀

131) 접사리 背蓬 Raincoat

방 언:
용 도: 비옷
성 능:
비 고: 머리까지 덮는 비옷

132) 태 破帶 Clap

방 언: 돼기, 뙤기, 파대, 딸기, 태기
용 도: 새 쫓기
성 능:
비 고: 짚이나 삼실로 꼰 밧줄을 잡아 돌리다가 채어 큰 소리를 냄

133) 팡개 Claping thrower

방 언: 팽개, 팽매
용 도: 새 쫓기
성 능:
비 고: 대나무를 +자로 쪼개어 그 사이에 흙이나 돌을 찍어 집어서 던짐

134) 덫 梱 Trap

방 언:
용 도: 산·들짐승 잡기
성 능: 형태가 다양함
종 류: ① 쥐덫 ② 창애
비 고: <창애>: 날짐승 잡는 덫

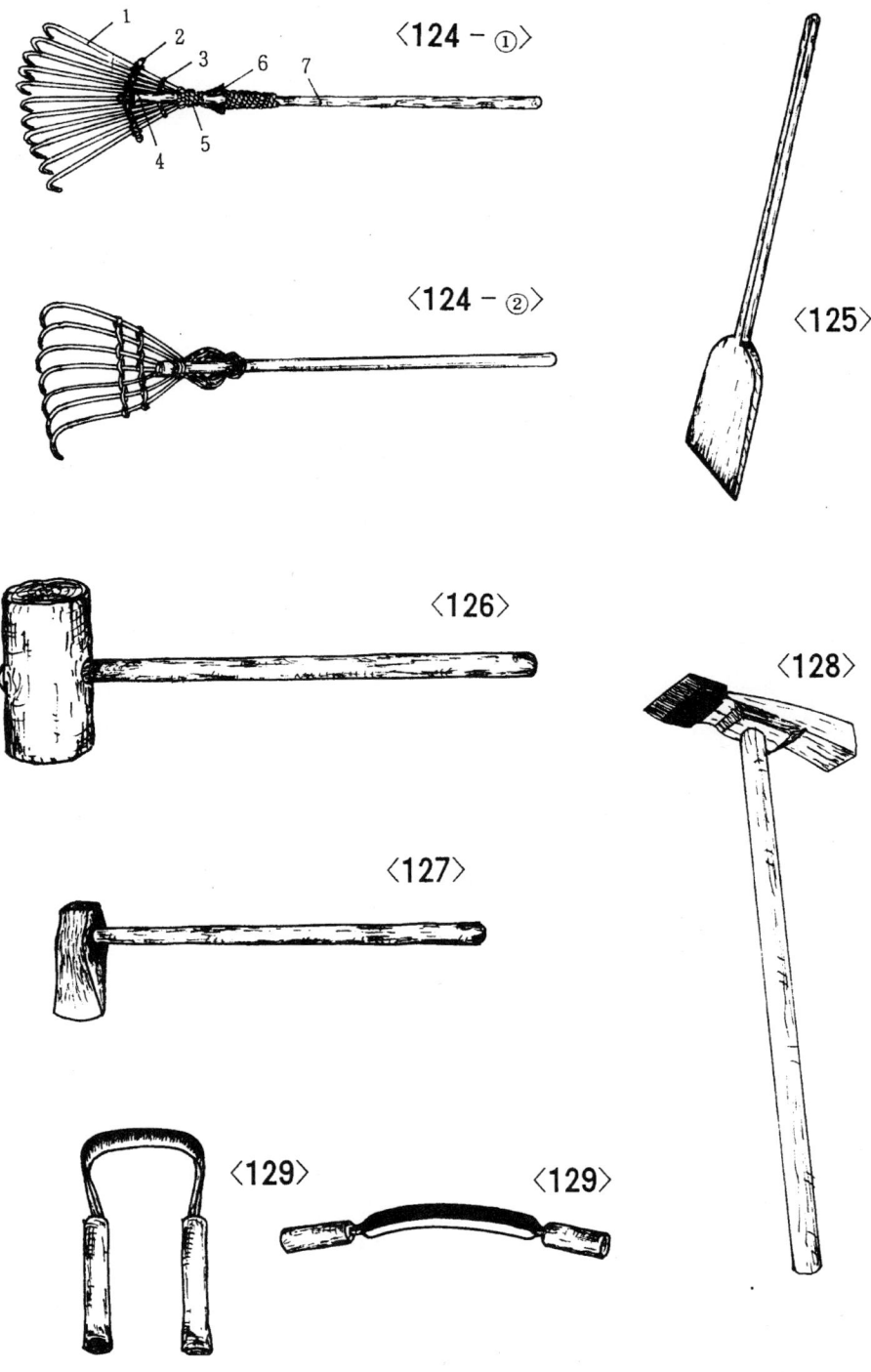

⟨124 - ①⟩

⟨124 - ②⟩

⟨125⟩

⟨126⟩

⟨127⟩

⟨128⟩

⟨129⟩

⟨129⟩

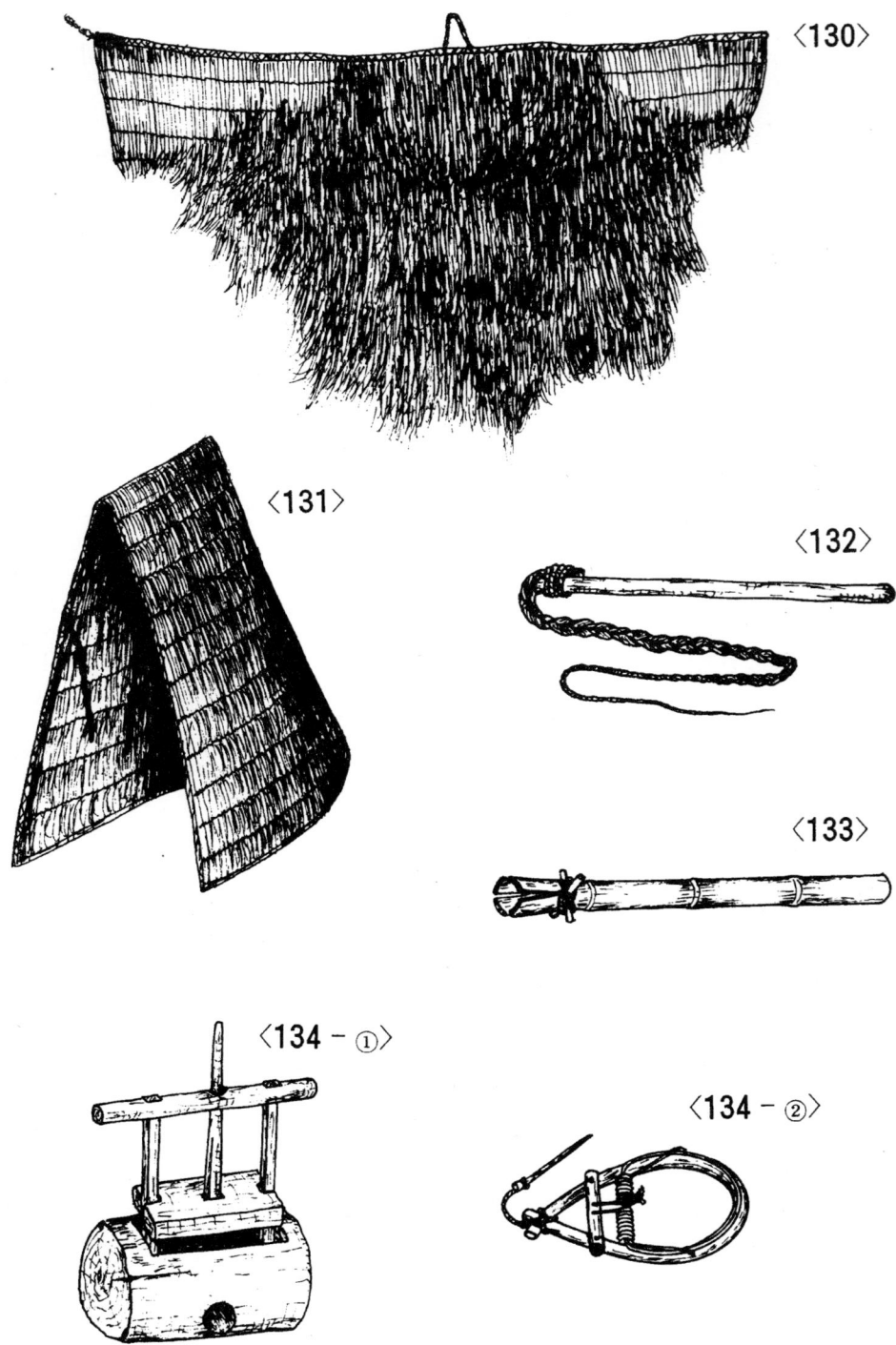

⟨130⟩

⟨131⟩

⟨132⟩

⟨133⟩

⟨134 - ①⟩

⟨134 - ②⟩

17. 그 릇

135) 말 斗, 斗子 Korean dry measure(Mal)

방　언: 모말, 대두말, 구말, 갈림말
용　도: 부피재기
성　능: 9리터 또는 18리터
종　류: ① 말 ② 모말
비　고: 네모지거나 둥글며 손잡이가 있음

136) 되 升, 升子 Korean dry measure(Doe)

방　언: 소두말, 구도, 갈림피, 됫박
용　도: 부피재기
성　능: 0.9리터 또는 1.8리터
비　고: 판자로 네모나게 짠 것, 통나무를 파서 만든 것, 박을 쪼갠 것 등이 있음

137) 멱둥구미 straw-basket

방　언: 둥구미(준말), 둥구먹, 둥구마리, 둥구니
용　도: 곡식담기
성　능: 30~100리터
비　고: 짚으로 엮어 만들며, 멱서리(79)보다 울이 낮음

138) 소쿠리 飯帚 Bamboo-basket

방　언:
용　도: 곡식·채소담기
성　능: 30~100리터
비　고: 대오리로 결어 만든 바닥이 불룩한 그릇

139) 광주리 筐, 筐子 Pan basket

방　언:
용　도: 채소·음식 담기
성　능: 30~100리터
비　고: ○ 대오리·싸리·버드나무 등을 결어 만들며 바닥이 편편함
　　　　○ 둥근 것이 보통이나 네모진 것도 있음

140) 바구니 筐, 筥 Basket

방　언: 보구리, 바굼치, 보고미, 보구니, 바구리
용　도: 곡식·채소 담기
성　능: 20~50리터
비　고: 대오리·싸리·버드나무로 울이 깊게 결어 만듦

141) 다래끼 提籃, 笂 Pot basket

방　언: 다루깨
용　도: 곡식담기

성 능: 10~20리터

비 고: ○ 바구니와 비슷하나 이가리가 좁음

  ○ 크기가 작은 것은 <종다래끼(21)>라고 불리움

142) 채롱 籠 Case basket

방 언:

용 도: 곡식·물건 담기

성 능: 20~50리터

비 고: 싸리로 결어 만들며, 안팎으로 종이를 바르기도 함

143) 함지 函只 Wooden basin

방 언:

용 도: 곡식·음식담기

성 능: 20~50리터

비 고: ○ 통나무를 파서 만듦

  ○ <도래함지>: 전을 둔 둥근 함지

  ○ <귀함지>: 귀(손잡이)가 달린 함지

  ○ <팔모함지>: 여덟모가 난 함지

  ○ <함지박>: 크기가 작아 바가지처럼 쓰는 함지

  ○ 한국고유의 연장

  ○ 그림 57-②-4

〈135-①〉

〈135-②〉

〈137〉

〈136〉

〈138〉

〈139〉

〈140〉

〈142〉

〈141〉

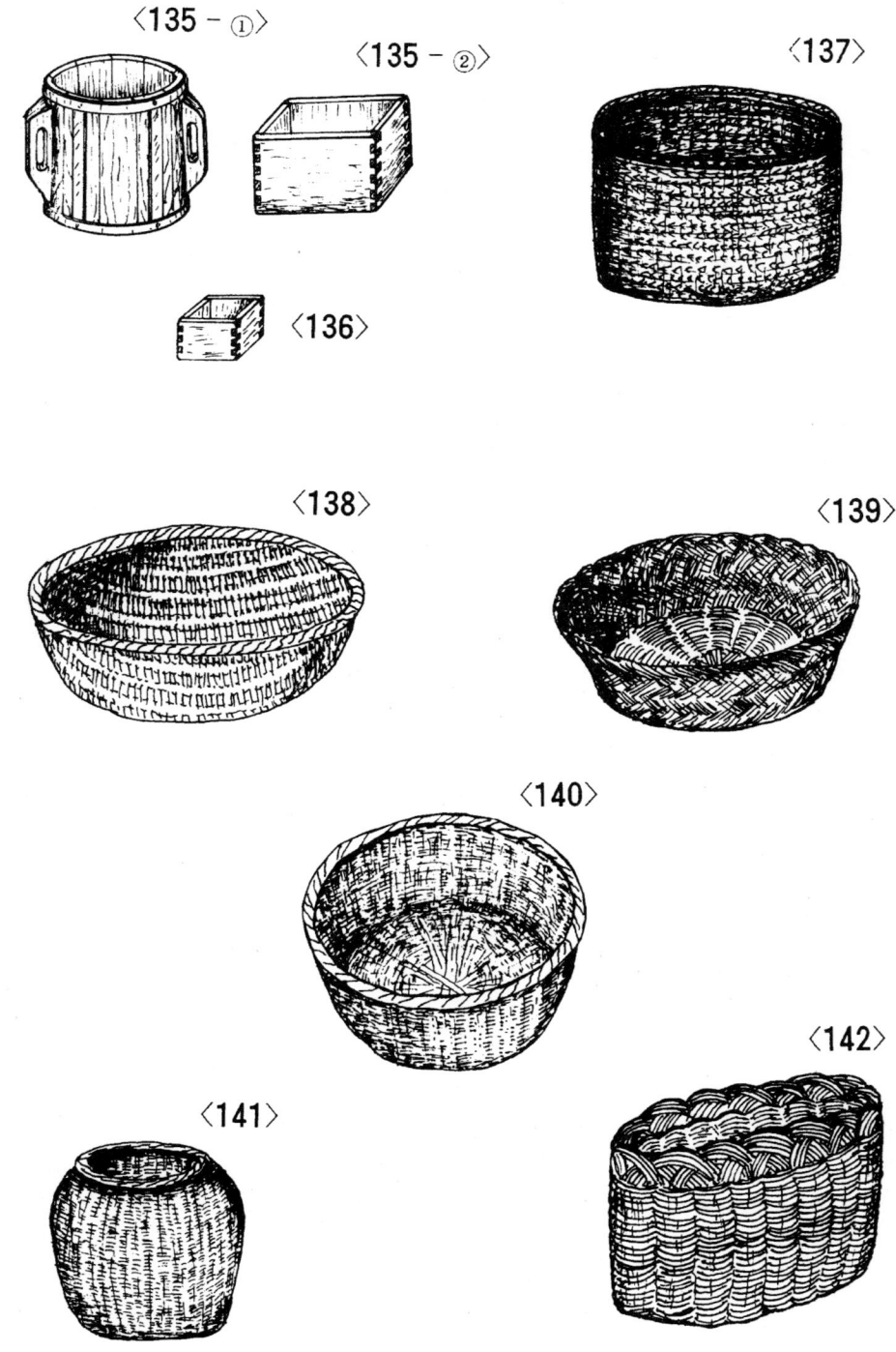

참고문헌

（國文）

姜東鎭(1982), [韓國農業의 歷史], 한길사.

강석준(1962), "쌍멍에 가대기", [문화유산] 제2호

高光敏(1987), "제주도 쟁기의 형태와 밭갈이 방법", [韓國의 農耕文化] 제2집, 京畿大 出版部

高光敏(1984), "濟州道 民具(I): 보습", [耽羅文化] 제3호, 濟州大學校

權振肅(1983), "韓國在來農具의 歷史的 變遷", [韓國의 農耕文化] 제1집, 京畿大 出版部

길경택(1984), "한국선사시대 농경과 농구의 발달에 관한 연구" [古文化] 제27집, 韓國 大學
    博物館協會

金光彦(1987), "신라시대의 농기구", [新羅社會의 新研究], 新羅文化祭學術發表會 論文集 제8
    집, 新羅文化宣揚會·慶州市

金光彦(1986), [韓國農器具攷], 韓國農村經濟研究院

金光彦(1984), "農器具", [西海島嶼 民俗學], 仁荷大 博物館

金光彦(1969), [한국의 농기구], 文化公報部 文化財管理局

金世烈(1977), [韓國의 傳統的 農器具 改良 可能性에 關한 研究], 崇田大 地域開發研究所

金榮敦(1974), "濟州道의 硏子磨", [文化財] 제8호

金榮鎭(1982), [農林水産古文獻備要], 韓國農村經濟研究院

金容燮(1984), "農事直說의 木斫과 所訖羅", [宜民 李杜鉉 博士 回甲記念 論文集]

閔成基(1980), "李朝 犁에 관한 一考察" [歷史學報] 제87, 88호

閔成基(1979), "東 아시아 古農法上의 耬犁考", [省谷論叢] 제10집

朴虎錫·宋鉉甲·오비노 미쉘(1990), "東·西洋쟁기의 發達過程 研究(5)" [農事試驗研究論文
    集] 제32집 1권, 農村振興廳

朴虎錫·宋鉉甲·오비노 미쉘(1989), "東·西洋쟁기의 發達過程研究(4)" [農事試驗研究論文
    集] 제31집 3권, 農村振興廳

朴虎錫·宋鉉甲(1989), "東·西洋쟁기의 發達過程 研究(3)" [農事試驗研究論文集] 제31집 1
    권, 農村振興廳

朴虎錫·宋鉉甲(1989), "東·西洋쟁기의 發達過程 研究(2)" [農事試驗研究論文集」 제31집 1
    권, 農村振興廳

朴虎錫·宋鉉甲·오비노 미쉘(1988), "東·西洋쟁기의 發達過程 研究(1)" [農事試驗研究論文

集] 제30집 3권, 農村振興廳

朴虎錫(1988), "韓國쟁기의 發達過程小考"(월간문화재) 제50, 51, 52호, 韓國文化財保護協會

裵永東(1987), [호미에 관한 一研究], 嶺南大 大學院 碩士學位論文

尹秉俊(1975), [春雜記], 回想社

溫陽民俗博物館(1980), [韓國의 民俗], 啓蒙社

李光麟(1961), [李朝 水利史 研究], 韓國研究院

李根洙(1983), "韓國 農業技術發達의 史的考察", [韓國의 農耕文化] 제1집, 京畿大 出版部

李文鍾(1978), "韓國犁와 犁農法의 起源과 傳播에 관한 研究", 公州師大 論文集, 제16집

李承鎭(1985), [在來農器具에 대한 文化人類學的 研究], 嶺南大大學院 碩士學位論文

李春寧(1989), [韓國 農學史], 民音社

李春寧(1973), "韓國農耕起源에 관한 小考", [民族文化] 제7호

李春寧(1964), [李朝農業技術史], 韓國研究院

李泰鎭(1987), "韓國의 農業技術發達과 文化變遷", [農業과 國家發展], 韓國農業科學協會

全相運(1975), [韓國科學技術史], 正音社

정시경(1962), "연백지방의 축력농기구에 관한 민속학적 고찰", [문화유산] 제2호

정시경(1961), "우리나라 재래농기구의 유형과 그 분포", [문화유산] 제3호

정시경(1960), "호미의 유형과 그 분포", [문화유산] 제1호

정시경(1960), "기경용 재래농기구의 유형과 그 분포", [문화유산] 제6호

趙興胤·G·PURNNER (1984), [箕山風俗畫帖], 범양사 출판부

주강현(1989), [북한의 민속학], 역사비평사

池健吉·安承模(1983), "韓半島 先史時代 出土穀類와 農具", [韓國의 農耕文化] 제1집, 京畿
          大 出版部

崔範勳(1987), "韓國農器具語彙考", [韓國의 農耕文化], 제2집, 京畿大 出版部

崔淑卿(1960), "韓國摘穗石刀의 研究", [歷史學報] 제13호

崔在甲(1976), "韓國犁와 Plow의 發達過程 및 各種 土壤條件下에서의 耕深과 牽引抵抗에 관
          한 研究", [韓國農工學會誌] 제18권

韓炳三(1971), "先史時代 農耕紋 靑銅器에 대하여" [考古美術] 제12호

韓成金(1953), [韓國農業의 槪論], 中央農業技術院

홍희유(1959), "15세기 이후의 조선농구에 대하여", [문화유산] 제5호

(日文)

加藤末郞(1904), [韓國農業論], 裳華房

加藤木保·淸水央(1924), [朝鮮の在來農具], 朝鮮總督府

加茂儀一(1943), [技術發達史], 商工行政社

高橋昇(1944), "朝鮮農具考", [大陸東洋經濟] 4月號

古島敏雄(1956), [日本農業技術史], 養賢堂

高山徹(1918), [朝鮮農業寶鑑], 京城種苗園

関野雄(1959), "新未耜考", [東洋文化研究紀要] 第19冊

廣部達三(1930), [農用機具], 西ケ原刊行會

吉川祐輝(1904), [韓國農業經營論], 大日本農會

嵐嘉一(1977), [犁耕の發達史], 農山漁村文化協會

農事試驗場(1930), "滿洲の在來農具", [農事試驗場彙報] 第29號, 南滿洲鐵道株式會社

大日本農會(1979), [日本の 鎌, 鍬, 犁]

大韓帝國農商工部 水産局(1908), [韓國水産誌] 第1輯

稻垣乙丙・杉原淸一(1925), [農用機具學], 博物館

東潮(1979), "朝鮮 三國時代の 農耕", [橿原考古學研究所論集] 第4, 吉川弘文堂

滿洲帝國 水産部(1939), [耕種槪要編: 北滿農具之部]

木村靖二(1936), [日本農具發達史], 農業と機械社

木下忠(1975), "古代の犁について", [農業] 第7月號

WAGNER, W. (1926), [中國農書] 下卷, 1932 高山洋吉 譯, 東亞研究叢書刊行會, 生活社

飯沼二郎(1982), "福岡縣農務誌について", [福岡縣史], 西日本文化協會

飯沼二郎(1975), "日本農業の中の朝鮮文化", [日本の中の朝鮮文化] 第28號.

飯沼二郎(1967), "日本農業の近代化", 農業及園會 42-12

飯沼二郎・堀尾尙志(1976), [農具], 法政大學出版部

本田辛介・鈴本重禮・原凞(1905), [韓國土地農産調査報告] (平安道・黃海道・咸鏡道), 朝鮮總
        督府

三成文一郎・有働良夫(1905), [韓國土地農産調査報告] (慶尙道・全羅道), 朝鮮總督府

森周六(1956), [畜力農機具], 農産圖書

森周六(1948), [農機具の發達], 平凡社

森周六(1937), [朝鮮に於ける犁と犁耕法に關する調査], 朝鮮農會

森周六(1931), "本邦在來犁に關する 研究(Ⅰ-Ⅲ)", [農業土木研究]

西村榮十郎(1904), [農用器具學], 博文館

小島喜作(1905), [韓國之農業], 金港堂

小林房次郎・中村彦(1905), [韓國土地農産調査報告] (京畿道・忠淸道・江原道), 朝鮮總督府

小早川(1934), [朝鮮農業發達史], 朝鮮農會

新關三郎・下田博之(1973), "すき(プラウ)ならびに その他畜力農具の起源と その改良 發達
        について", [東京農大農學部 農場報告], 第5號

安藤廣太郎(1975), "古代の犁", [農業] 1090號

安部菅原・富益義衛(1914), [日本の牛馬耕術], 明文堂

岩井宏實(1985), [民具硏究ハソドブック], 雄三閣

月川雅夫・立乎進(1984), [明治三十年 調べ長崎縣佐賀縣 にする農具圖錄], 長崎縣出版文化
        協會.

外山德治郎(1930), [改訂 滿洲の在來農具], 滿洲鐵道株式會社 農事試驗場

有光廣穦(1933), "慶州積石塚 出土農具について", [朝鮮] 第215號

有光敎一(1967), "朝鮮三國時代の 農具と工具", [日本考古學] 第6卷

二瓶貞一(1972), [農機具: 今昔てのがたり], 近代農業社

二瓶貞一・松田郎一(1942), [北支の農具に關する調査], 華北産業科學硏究所・華北農事試驗場

庄司英信(1934), "農具の發達と 土地利用の 推移とに就いり", [農業土木硏究」 7-1

田中作治郎(1941), "我國の犁の起源及び 明治維新屹の 發達の 經路に就いて", [考古學雜誌]
        4-11

朝鮮總督府(1914), [土壤及農具敎課書]

朝鮮總督府 農事試驗場(1931), [25周年 記念誌](上)

鑄方貞亮(1965), [農具の發達], 至文堂

倉原新(1912), "朝鮮在來農具調査" [朝鮮農會報] 7-l, 朝鮮農會

天野元之助(1956), "中國におけるスキの 發達", [東方學報] 第26冊

淸水浩(1954), "農機具發達の 一段階", 「日本農業發達史] 第4卷

淸水浩(1953), "牛馬耕の普及と耕耘技術の發達", [日本農業發達史] 1卷

喜田正澄・渡邊千嘉郎・白倉德明(1938), [平安南道に 於ける 乾畓], 朝鮮總督府 勸業模範場

（中文）

徐仲舒(1930), [耒耜考], 國立中央硏究院 歷史言語硏究所

孫常叔(1959), [耒耜的 起源及其發展], 上海人民出版社

劉仙洲(1962), "中國古代在農業機械方向的硏究", [中國農業 機械學報] 5-1

陸懋德(2949) "中國發現之上古銅犁考", [燕山學報] 第37期

中國科學院 考古硏究所(1961), [新中國的考古收穫], 文化出版社

鎭江農業機械學院(1966), "蘇南地區畜力犁的 調査報告", [水田耕作機械科學硏究報告] 第1號

天野元之助(1960), "天工開物和明代的農業", [天工開物硏究論文集]

(漢文)

－韓國古文－	－中國古文－
三國史記	詩經
三國遺史	易經
高麗史節要	論語
高麗圖經(中國書)	世本
丹溪遺稿	禮記
訓民正音 解例本	周禮(考工記)
四時纂要抄	淮南子
農事直說	山海經
衿陽雜錄	齊民要述
閑情錄	耒耜經
農家集成	考工記解
譯語類解	嶺南代答
山林經濟	宋會要輯考
海東農書	諸器圖說
增補山林經濟	奇器圖說
千日錄	天工開物
北學議	農書
韓漢淸文鑑	廣東新語
才物譜	皇淸經解
課農小抄	白虎通德論
物譜	成形圖說
林園經濟十六誌	
心器圖說	
農家月令歌	

（英・佛文）

HAN, Sung-Kum(1959), [Survey on farm labor, farm implement and farm machinery in Korea], Agricultural Experimental Station, Institute of Agriculture, Suwon Korea.

HAUDRICOURT, A. G. et J. B. DELAMARRE(1957), [L' homme et la charrue ā travers le monde], Gallimard, Paris France

HOPFEN, H. J.(1970), [L'outillage agricole pour les régions arides et tropicales], FAO, Rome

LASTEYRIE, C. D(1820), [Collection de machines, instruments], Artuus Bertrand, Paris France

PARK, Ho-Seok(1986), [Origine et évolution des charrues], Mémoire de find'étude, INAPG, Grignon France

SAKAI, Jun, Tadashi KISHIMOTO and Surin PHONGSU-PASAMIT(1987), "Study on basic knowledge of Plowing science for Asian lowland farming", AMA, 8-1, Tokyo Japan.

재래농기구 관련 전시관

국립민속박물관	서울종로구 세종로 1
	(경복궁 구내)
농협중앙회 농업박물관	서울 중구 충정로 1가 75
	(중앙회 구내)
농촌진흥청 농업과학관	경기 수원시 권선구 서둔동 250
	(농촌진흥청 구내)
농촌지도자중앙회 박물관	경기 수원시 장안구 화서동 436-3
	(농민회관 내)
경기대학교 박물관	경기 수원시 장안구 이의동 산 94-6
	(경기대 수원캠퍼스 구내)
온양민속 박물관	충남 온양시 권곡동 403-1
천일 민속관	충남 부여군 부여읍 구교리 33-1
원광대학교 박물관	전북 이리시 신용동 344-2
	(원광대 구내)
동진농지개량조합 수리민속박물관	전북 김제시 요촌동 105
	(동진농지개량조합 구내)

이 책에 수록되지 아니한 자료를 소장하고 있거나, 다른 의견이
있는 분은 이래 주소(전화)로 연락주시기 바랍니다.
농업기계화연구소
441-100 경기도 수원시 권선구 서둔동 249
(0331) 292-5361~4

●저자●

박호석   약력
         충북대학교 농공학과 졸업
         충북대학교 농업기계학 석사
         충북대학교 농업기계학 박사

         농민신문사 객원논설위원 역임
         농협전문대학 농공기술과 교수 역임
         프랑스 국립농학연구소 객원연구원 역임
         농촌진흥청 농업기계화연구소 농공연구사 역임

         주요 저서
         『열에너지 공학』
         『농업기계핸드북』
         『농업기계, 전기 개론』 외 다수

● 한국의 재래농기구

• 초판 인쇄 2004년 10월 29일
• 초판 발행 2004년 10월 30일

• 지 은 이 박호석 편저
• 펴 낸 이 채종준
• 펴 낸 곳 한국학술정보㈜
          경기도 파주시 교하읍 문발리
          파주출판문화정보산업단지 526-2
          전화 031) 908-3181(대표)・팩스 031) 908-3189
          홈페이지 http://www.kstudy.com
          e-mail(e-Book사업부) ebook@kstudy.com
• 등   록 제일산-115호(2000. 6. 19)
• 가   격 16,000원

ISBN   89-534-2180-2 93520 (paper book)
        89-534-2181-0 98520 (e-book)